新达内·零基础玩转DeepSeek系列丛书

零基础玩转 DeepSeek 秒懂数据分析

张韶维　总策划
吴瑞萍　编　著

中国水利水电出版社
www.waterpub.com.cn
·北京·

内 容 提 要

《零基础玩转 DeepSeek：秒懂数据分析》是一本面向数据分析初学者、进阶从业者及管理者的实用指南。本书通过系统化的学习路径和丰富的案例，全面介绍了 DeepSeek 这款 AI 工具在数据分析中的应用。书中从数据分析的基础概念入手，详细讲解了数据分析的目的、流程和常用工具，强调了数据分析在企业决策中的重要性。通过实际案例分析，展示了 DeepSeek 如何通过自然语言交互和自动化分析功能，帮助学习者快速完成从数据导入到结果解读的全流程，显著提升数据分析效率。

本书深入探讨了 DeepSeek 在数据清洗、描述性分析、诊断分析和预测分析中的具体应用，结合 Excel、PPT 等常用工具，提供了从数据处理到可视化呈现的完整解决方案。同时，书中还通过行业案例（如餐饮、零售、教育等）和企业综合分析，展示了 DeepSeek 在实际业务中的强大功能和应用场景。

无论您是希望入门数据分析的初学者，还是希望提升效率的从业者，本书都能帮助您快速掌握 DeepSeek 的核心功能，实现从工具使用者到数据驱动决策推动者的转变。

图书在版编目（CIP）数据

零基础玩转 DeepSeek. 秒懂数据分析 / 吴瑞萍编著.
北京：中国水利水电出版社，2025.5. -- ISBN 978-7-5226-3398-5

Ⅰ. TP18；TP274

中国国家版本馆 CIP 数据核字第 2025BF3642 号

书　　名	零基础玩转 DeepSeek：秒懂数据分析 LINGJICHU WANZHUAN DeepSeek：MIAODONG SHUJU FENXI
作　　者	吴瑞萍　编著
出版发行	中国水利水电出版社 （北京市海淀区玉渊潭南路 1 号 D 座　100038） 网址：www.waterpub.com.cn E-mail：zhiboshangshu@163.com 电话：（010）62572966—2205/2266/2201（营销中心）
经　　售	北京科水图书销售有限公司 电话：（010）68545874、63202643 全国各地新华书店和相关出版物销售网点
排　　版	北京智博尚书文化传媒有限公司
印　　刷	河北文福旺印刷有限公司
规　　格	170mm×240mm　16 开本　15 印张　229 千字
版　　次	2025 年 5 月第 1 版　2025 年 5 月第 1 次印刷
印　　数	0001—8000 册
定　　价	59.80 元

凡购买我社图书，如有缺页、倒页、脱页的，本社营销中心负责调换

版权所有·侵权必究

在数字化浪潮席卷全球的今天，数据分析已成为各行业破局发展的关键利器。无论是商业决策、科学研究，还是日常生活规划，数据背后蕴藏的巨大价值正等待着被挖掘。然而，传统数据分析学习的高门槛、长周期，却让许多对数据世界充满好奇的人望而却步。而如今，一本能为你打开全新数据分析大门的宝藏书籍——《零基础玩转 DeepSeek：秒懂数据分析》应运而生，它将彻底改写你对数据分析学习的认知。

DeepSeek 作为一款颠覆性的工具，正在重塑整个数据分析的学习范式。以往，人们学习数据分析不得不花费大量时间和精力去啃晦涩难懂的编程语言、研究复杂的工具操作流程，从 Excel 的函数公式到 SQL 的复杂查询，再到 Python 的代码编写，每一步都充满挑战，且容易让人陷入"工具迷思"，忽视了数据分析的核心本质。但 DeepSeek 打破了这一僵局，它以自然语言交互和自动化分析功能为桥梁，将学习重点从"工具操作"转向"思维驱动"。无论你是毫无基础的"小白"，还是渴望突破瓶颈的从业者，都能在 DeepSeek 的助力下，快速开启数据分析的奇妙之旅。

本书便是引领你掌握 DeepSeek 的最佳向导。对于零基础的初学者而言，它就像是一位耐心的引路人，无须你具备任何编程基础，仅需通过简单的自然语言指令，就能借助 DeepSeek 完成从数据导入到结果解读的全流程操作。书中丰富生动的案例，如对电商销售数据的分析，能让你迅速掌握如何发现高潜力产品、优化库存策略，在实践中逐步培养起数据分析的思维能力。

零基础玩转 DeepSeek：秒懂数据分析

而对于希望进阶的从业者，本书更是提供了突破传统工具局限的宝贵钥匙。它详细介绍了 DeepSeek 的高级功能，如复杂模型训练、自动化报表生成，以及多维数据可视化等。通过书中的实战案例，你将学会运用 DeepSeek 构建预测模型，精准分析客户流失原因并提出有效挽留策略，极大地提升分析效率和深度。

对于管理者和决策者来说，本书则是洞察业务、科学决策的得力助手。它教会你如何利用 DeepSeek 快速获取关键洞察，从分析市场趋势、评估竞争对手策略，到优化内部流程，助力你在复杂多变的商业环境中作出更明智的决策，提升组织整体的数据素养。

《零基础玩转 DeepSeek：秒懂数据分析》不仅仅是一本技术操作手册，更是一套完整的数据分析实践指南。它有着清晰的学习框架，从基础功能到高级应用，循序渐进地引导你掌握 DeepSeek 的核心技能；强调实践的重要性，提供多行业的真实案例和丰富练习，让你在实战中巩固知识；还深入探讨了如何优化数据分析流程，实现 DeepSeek 与其他工具的集成，打造高效的数据生态系统。

在这个数据驱动一切的时代，掌握数据分析能力已不再是一种选择，而是一种必然。无论你怀揣着怎样的目标与期待，《零基础玩转 DeepSeek：秒懂数据分析》都能为你提供最有力的支持，助你在数据分析的广阔天地中自由驰骋，从零基础快速成长为真正的数据达人，释放数据背后的无限价值，开启属于你的精彩数据之旅！

陈哲

国际数据管理高级研究院 首席研究员

前言 PREFACE

在当今数字化浪潮中，数据分析已成为企业决策、业务创新和个人职业发展的核心能力。无论是优化业务流程、提升客户体验，还是发现新的商业机会，数据分析都扮演着不可或缺的角色。然而，传统数据分析的学习路径往往充满挑战：复杂的工具语法、烦琐的操作流程，以及对统计学和编程知识的高要求，使得许多人望而却步。即便投入大量时间和精力，学习者也容易陷入"工具迷思"，忽略了数据分析的本质——如何提出有价值的问题并提炼出可执行的方案。

本书的使命是打破这一局限，为读者打开一扇通往高效数据分析世界的大门。我们聚焦于DeepSeek这一革命性AI工具，它通过自然语言交互和自动化分析功能，彻底改变了数据分析的学习范式。DeepSeek不仅降低了技术门槛，还让学习者能够更早地专注于数据分析的核心——思维驱动而非工具操作。无论您是初入数据分析领域的新手，还是希望突破传统工具局限的从业者，抑或是需要快速获取数据洞察的管理者，本书都将助您一臂之力。

本书结构

本书内容分为6个主要章节，涵盖从基础概念到实战应用的完整学习路径。

● **第1章　数据分析基础**：介绍数据分析的定义、目的、分类及其在企业决策中的重要性。

● **第2章　数据清洗**：详解数据质量诊断与清洗的"三板斧"（删除、填充、替换），帮助您构建高质量数据基础。

● **第3章　数据分析与可视化**：通过描述性分析、诊断分析和预测分析，结合 DeepSeek 的自动化功能，快速提炼数据洞见。

● **第4章　数据价值挖掘**：深入探讨相关性分析、预测分析等高级方法，结合 DeepSeek 的智能决策支持，发现隐藏的商业价值。

● **第5章　DeepSeek 行业分析应用**：学习如何利用 DeepSeek 获取行业最新信息、获取与整理行业数据，并对行业报告进行要点整理。

● **第6章　DeepSeek 企业综合案例应用**：通过餐饮、零售、教育等行业的实际案例，展示 DeepSeek 在不同场景中的创新应用。

本书特色

● **理论与实践结合**：通过丰富的案例和练习，帮助您在真实场景中应用 DeepSeek。

● **多工具融合**：结合 Excel、PPT 等常用工具，提供从数据处理到可视化呈现的完整解决方案。

● **动态学习支持**：DeepSeek 的实时反馈和交互式学习功能，让您在实践中不断提升学习能力。

拥抱数智时代，用数据创造无限可能

DeepSeek 不仅是一个工具，更是一种思维方式的变革。它使得数据分析从烦琐的技术操作中解放出来，回归到问题设计和洞见提炼的本质。通过本书的学习，您将掌握 DeepSeek 的核心功能，培养跨学科思维能力，并在实践中不断提升数据分析的深度和广度。

无论您是希望入门数据分析的新手，还是希望突破瓶颈的资深从业者，DeepSeek 都将陪伴您开启一段高效、智能的数据分析之旅。让我们一起拥抱数智时代，用数据驱动决策，创造无限可能！

第 1 章　数据分析基础

1.1　数据分析为什么这么重要 ………………………………… 001

1.1.1　什么是数据分析 ……………………………… 001
1.1.2　数据分析的目的 ……………………………… 003
1.1.3　数据分析的分类 ……………………………… 003
1.1.4　数据分析对企业决策的重要性 ……………… 004
1.1.5　为什么人人都要会数据分析 ………………… 006

1.2　数据分析流程 ………………………………………………… 008

1.2.1　数据分析流程介绍 …………………………… 008
1.2.2　AI 在数据分析流程中的作用 ………………… 011

1.3　数据分析工具 ………………………………………………… 012

1.3.1　数据分析常用工具介绍 ……………………… 012
1.3.2　数据分析工具的下载与安装 ………………… 014

1.4　DeepSeek 在数据分析中的应用 …………………………… 021

1.4.1　DeepSeek 数据分析低代码模式 ……………… 021
1.4.2　DeepSeek 在 Office 内部的低代码应用 ……… 025
1.4.3　DeepSeek、OfficeAI 内嵌 DeepSeek 与 Excel
　　　 优劣势对比 …………………………………… 027
1.4.4　DeepSeek 提示词写作方法 …………………… 027

第 2 章　数据清洗

2.1　数据质量 ……………………………………………………… 029

2.1.1　完整性 ………………………………………… 030
2.1.2　准确性 ………………………………………… 030

2.1.3	一致性	030
2.1.4	时效性	031
2.1.5	唯一性	031
2.1.6	有效性	031
2.1.7	小结	031

2.2 数据"脏乱差"五大顽疾定义及成因 ······ 031

2.2.1	缺失值定义及成因	032
2.2.2	重复数据定义及成因	034
2.2.3	异常值定义及成因	036
2.2.4	格式混乱定义及成因	038
2.2.5	不一致性定义及成因	039
2.2.6	小结	041

2.3 数据质量诊断 ······ 042

2.3.1	使用 DeepSeek 诊断数据质量问题	042
2.3.2	使用 OfficeAI 内嵌 DeepSeek 诊断数据质量问题	046
2.3.3	人工诊断	050
2.3.4	小结	056

2.4 数据清洗"三板斧" ······ 056

2.4.1	使用 DeepSeek 进行数据清洗	058
2.4.2	使用 OfficeAI 内嵌 DeepSeek 进行数据清洗	063
2.4.3	人工清洗	068
2.4.4	小结	072

第 3 章　数据分析与可视化

3.1 描述性分析 ······ 073

3.1.1	描述性分析介绍	073
3.1.2	DeepSeek 数据分布自助诊断	075
3.2.3	小结	079

3.2 数据分析常用方法 ······ 079

3.2.1	现状分析	080
3.2.2	诊断分析	085
3.2.3	预测分析	089

3.2.4　使用 DeepSeek 辅助选择分析方法 ················· 093
　　3.2.5　小结 ················· 098
3.3　DeepSeek 数据快速统计分析 ················· 098
　　3.3.1　常用分析函数 ················· 098
　　3.3.2　快速统计函数的方法 ················· 102
　　3.3.3　数据透视表介绍 ················· 106
　　3.3.4　数据透视表应用快速统计 ················· 109
　　3.3.5　小结 ················· 123
3.4　DeepSeek 数据可视化 ················· 125
　　3.4.1　数据可视化介绍 ················· 125
　　3.4.2　常见的数据可视化图表 ················· 125
　　3.4.3　常见的数据可视化工具 ················· 127
　　3.4.4　使用 DeepSeek 快速实现数据可视化 ················· 127
　　3.4.5　小结 ················· 140
3.5　DeepSeek 智能决策 ················· 140
　　3.5.1　DeepSeek+Excel 图表制作与解读 ················· 140
　　3.5.2　OfficeAI 内嵌的 DeepSeek 图表制作与解读 ················· 146
　　3.5.3　小结 ················· 149

第 4 章　数据价值挖掘

4.1　数据价值挖掘介绍 ················· 150
　　4.1.1　相关性分析 ················· 150
　　4.1.2　预测分析 ················· 152
　　4.1.3　使用 DeepSeek 辅助数据价值挖掘 ················· 153
　　4.1.4　问题识别 ················· 158
　　4.1.5　小结 ················· 158
4.2　撰写分析报告 ················· 158
　　4.2.1　分析报告的分类 ················· 158
　　4.2.2　分析报告的撰写流程 ················· 160
　　4.2.3　分析报告的撰写原则 ················· 162
　　4.2.4　使用 DeepSeek 辅助撰写分析报告 ················· 164
　　4.2.5　小结 ················· 169

4.3 撰写工作汇报 ······ 170
4.3.1 使用 DeepSeek 辅助听众矩阵分析 ······ 170
4.3.2 使用 DeepSeek 辅助汇报答疑 ······ 171
4.3.3 使用 DeepSeek 辅助撰写汇报逐字稿 ······ 173
4.3.4 小结 ······ 174

第 5 章　DeepSeek 行业分析应用

5.1 获取行业最新信息 ······ 175
5.1.1 获取行业信息的常用方法 ······ 175
5.1.2 获取行业最新信息及网址 ······ 177
5.1.3 小结 ······ 179
5.2 行业数据自助获取与整理 ······ 179
5.2.1 获取图片中的数据 ······ 180
5.2.2 获取网页中的数据 ······ 180
5.2.3 获取文件中的数据 ······ 182
5.2.4 小结 ······ 184
5.3 行业报告要点解读 ······ 184
5.3.1 解读单个文件的要点 ······ 185
5.3.2 解读多个文件的要点并进行整理 ······ 186
5.3.3 小结 ······ 187

第 6 章　DeepSeek 企业综合案例应用

6.1 制作企业年度经营分析报告 ······ 188
6.1.1 收集数据 ······ 188
6.1.2 制作报告 ······ 189
6.1.3 问题识别 ······ 212
6.2 竞品内容对比分析 ······ 212
6.3 制作餐饮行业分析报告 ······ 216
6.3.1 生成分析报告的大纲 ······ 216
6.3.2 针对每个章节进行细化并形成报告 ······ 218

后记　数智时代，AI 重构你的学习生态 ······ 227

第 1 章　数据分析基础

在数字化转型浪潮中，数据已成为企业的核心资产。从销售部门的客户行为分析到 HR 的人才留存预测，80% 的岗位要求候选人具备数据解读能力。Excel 凭借灵活的函数（如 XLOOKUP、动态数组）和 Power Query 工具，承担着 70% 的日常数据处理工作；PPT 作为价值传递枢纽，将枯燥数字转化为故事线；DeepSeek 等智能工具正成为职场新基建。工具进阶的背后是思维的升级，DeepSeek 正加速"数据→洞察→行动"的转化闭环。当 Excel 处理基础数据、DeepSeek 完成复杂推演、PPT 沉淀价值主张时，职场人便构筑了覆盖全链路的数据竞争力护城河。

数据支撑：Gartner 调研显示，熟练掌握 Excel 数据建模的员工，业务流程优化效率提升 47%。

效率革命：测试显示，DeepSeek-R1 将数据清洗与建模周期压缩 60%。

决策升级：Forrester 2024 调研显示，融合智能工具的分析报告，战略会议通过率提升 45%。

1.1　数据分析为什么这么重要

1.1.1　什么是数据分析

数据分析是什么？我们经常听到数据驱动业务、大数据挖掘等词汇，但是到底什么是数据分析呢？这里我们通过几个小案例来回答这个问题。

案例一：啤酒和纸尿布不得不说的故事

20 世纪 90 年代，某大型连锁超市在对公司日常销售数据进行分析时发现一个有趣的现象：啤酒和纸尿布经常同时出现在男性顾客的购物清单中，且这种关联在周末尤为明显。经过深入调查，企业的数据分析师发现，当地许多男性顾客在购买啤酒时，其妻子经常会提醒丈夫带孩子的纸尿布回来。根据以上发现，该超市调整了商品陈列策略，将啤酒和纸尿布放置在相邻的货架上，并进行联合促销活动。这一调查策略显著提高了啤酒和纸尿布的销售额，同时也提升了顾客购物的便利性和满意度。

这个案例展示了数据分析在发现隐藏的消费行为模式和优化营销策略方面的巨大价值。

案例二：在线旅游平台"杀熟"带来的信任危机

2023年，部分消费者在使用该平台预订机票和酒店时，发现价格存在异常波动。经过对比发现，同一时间、同一航班或酒店，不同用户看到的价格存在显著差异。尤其是老用户，往往被收取更高的价格。某知名媒体对该平台的"杀熟"现象进行了深度调查和报道。报道指出，该平台通过收集用户的浏览历史、购买记录和设备信息等数据，对不同用户进行差异化定价。这种行为被批评为"大数据杀熟"，即利用用户数据对老用户收取更高的价格。该平台的"杀熟"行为引发了消费者信任危机，给企业带来了严重的负面影响。

这一案例表明，企业在利用数据分析优化定价策略时，必须审慎权衡收益与用户体验。数据分析虽然能为企业带来商业价值，但是若忽略平台用户的权益，最终将损害企业的长期发展。

案例三：游客行为分析与个性化推荐

各大旅游平台通过分析用户在过去一定周期内对旅行目的地的搜索词、浏览攻略的类型，以及发布的游记内容等行为数据，结合基础数据和标签体系，判断用户的旅行意图和兴趣偏好，预测用户接下来可能的行动，并进行精准的内容推荐和商品推送。例如，若用户多次搜索某一城市的美食攻略和酒店住宿，且浏览了相关游记，平台便会向其推荐该城市的特色餐厅、周边酒店及相应的旅游线路等。

通过以上案例可以看出，数据分析不仅影响企业的发展，也影响到人们生活的方方面面。

总的来说，数据分析是一种从大量数据中提取有价值信息、发现内在规律、支持决策制定的过程。它借助统计学、数学、计算机科学等方法和工具，对

数据进行收集、整理、分析和解释,从而帮助人们更好地理解数据背后的现象、趋势和关系。

1.1.2 数据分析的目的

通过数据分析的定义,可以发现数据分析的本质是用数据回答业务问题。数据分析通过描述业务现状,回答"发生了什么""趋势如何"的问题;通过数据诊断业务,回答"为什么会发生""是什么原因造成的"的问题;通过分析历史数据趋势预测未来,回答"未来可能会发生什么"的问题;最后,通过分析结果,回答"应该采取什么行动能使业务更好地发展"的问题。整体来说,数据分析的目的包括描述现状、发现问题、预测未来和指导行动,如图1.1所示。

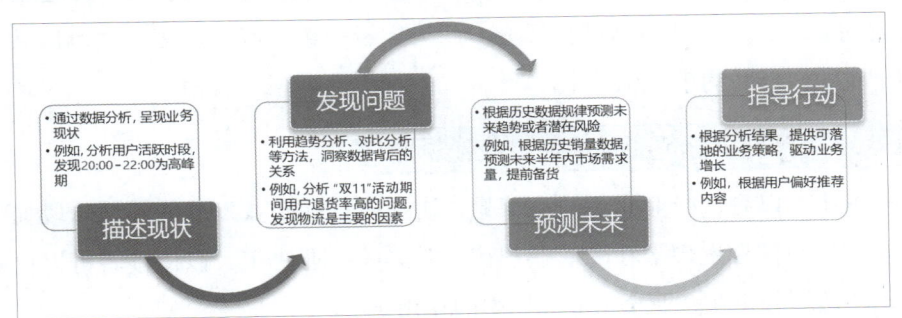

图 1.1　数据分析的目的

其中,描述现状、发现问题是数据分析的浅层目的,预测未来为数据分析的中层目的,指导行动为数据分析的深层目的。

1.1.3 数据分析的分类

根据分析方法的不同,数据分析可以分为定性分析和定量分析。这两种分析方法在数据分析中都非常重要。其中,定性分析侧重于描述和理解现象的性质和背景,而定量分析则侧重于数值化和统计分析,提供精确的测量和预测。在实际应用中,这两种方法往往结合使用,以获得更全面和深入的洞察。

1. 定性分析

定性分析主要关注数据的性质和特征,而不是数量。它通常用于描述、解释和理解现象。常见的应用场景包括对用户评论进行分析,通过制作词云

零基础玩转 DeepSeek：秒懂数据分析

发现用户最关心的问题；以及访谈分析，通过对参与者进行访谈来收集用户的主观信息，并进一步对访谈内容进行文本分析。

定性分析适用于探索性研究、背景分析，以及深入理解复杂现象。

2. 定量分析

定量分析主要关注数据的数量和数值特征，通过数值计算和统计方法来分析数据。定量分析的主要特点是分析内容数值化。例如，通过财务数据分析，评估企业的经营状况；通过市场分析，研究市场趋势、消费者行为等。

定量分析适用于验证性研究、趋势分析和预测未来。

定性分析和定量分析并不是相互孤立的。例如，研究消费者对新品的满意度时，可以通过访谈的方式收集用户的意见和建议，此为定性分析；也可以发放问卷，让用户对新品进行评分，此为定量分析。两种分析方法可以共同用于企业对新品的市场调研中。

1.1.4 数据分析对企业决策的重要性

本小节以餐饮行业作为故事背景，讲述数据在企业发展的不同阶段如何通过分析与挖掘发现潜在的商业规律，并影响企业决策，以便读者可以更好地理解数据分析在企业全生命周期中的作用。

时间回到 30 年前，假设你是一位小有名气的厨师，想要开一家名为"爸爸的味道"的餐馆。你会在自己熟悉的街道上，选择人口密集的地方租赁一间门面房，然后聘请 2 名厨师和 3 名服务员。作为一位出色的厨师，你很了解本地顾客的口味，并可以很好地控制菜品的色香味。作为餐馆的老板，店里发生的一切皆在你的掌控之中，你每天在柜台收银、招呼顾客，也会与顾客聊天、解答顾客的问题，同时管理着 5 名员工，有序地安排员工的工作。餐馆每日的收入你都能很快计算出来，并按月支付房租和员工工资。

> 创业初期，企业依靠目视化管理模式，以现场督导为主，门店的经营管理者直接参与收银、客诉处理、人员调度等工作；选址靠经验，凭借对周边环境的熟悉，就可以选择一个合适的店面；品控靠地域感知，凭借对地域饮食的认知，可以满足菜品的色香味要求；财务核算靠现场核算日收入、月度核算支出，管理者既是老板，也是财务。在这样的经营模式下，老板身兼数职，依靠经验和现场管理即可达到较好的效果，此时数据分析的作用尚不明显。

助学答疑

004

20年后，你的儿子接管了餐馆的运营，并利用自己学到的知识，通过"连锁加盟＋直营"的模式，把"爸爸的味道"餐馆开到全国多个城市，门店已经200多家。这时候，你的儿子无法像你一样现场管理这200多家门店，因此他开始尝试利用各种先进的管理经验，逐步搭建起企业的数据分析管理体系，如科学选址，利用三方数据分析选址周边的情况，构建选址模型，实现选址的科学性和有效性；建立标准化财务流程，分析每个门店的收入、成本等各项费用收支情况，最终实现每个门店的盈利；门店运营标准化，建立涵盖翻台率、客单价、坪效、人效等各种指标的运营指标体系，通过这些指标，可以轻松发现门店运营的问题，并及时制定整改方案。此时数据分析的价值在企业管理中的作用逐步显现。

> 在企业快速发展的过程中，经验和亲临管理都无法实现，因此企业开始在运营过程的各个环节建立起标准化流程，同时搭建监控运营活动的指标体系。通过数据洞察运营效果、发现运营中的问题，支持企业的日常经营决策。

现在，"爸爸的味道"餐馆已经发展到全国共有门店1000多家，公司采用混合云架构，整合POS系统、IoT传感器、社交媒体舆情数据构建了数字孪生运营平台，全面实现了数字化运营。公司设立了战略分析部，成员包括数据科学家、用户体验研究员、竞争情报专家等跨学科的团队，从事行业分析、竞品分析、市场调研、需求预测、菜品优化、客户体验、供应链管理、财务管理等工作。此时，企业管理中对数据的商业价值的挖掘达到了最大，数据分析与挖掘已经成为企业发展的强大驱动力。

"爸爸的味道"餐饮公司的发展，从单店生存期最原始的依靠经验和现场管理的模式到扩张期的数据分析结果支持业务发展，为企业提供决策依据，再到数据驱动业务增长时期，应用各种技术，数据资产成为企业发展强大的助力，企业最终实现了数字化转型，并获得了极大的成功。

该故事揭示了现代商业的三条演进规律。

（1）规模临界点效应：当管理幅度超过邓巴数阈值（如150人）、经营单元突破空间可视范围时，经验决策机制必然失效。

（2）数据价值密度法则：企业规模每增长10倍，数据决策贡献值提升3.2倍（麦肯锡2023商业分析报告）。

（3）能力迁移曲线，如图1.2所示。

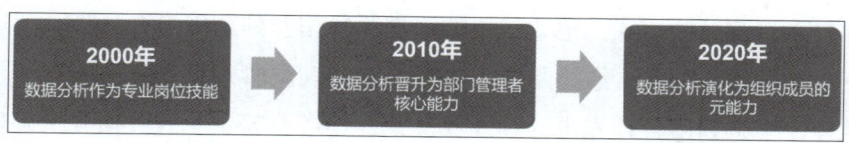

图1.2　能力迁移曲线

因此，数据分析的本质是商业复杂系统在数字空间的映射重构。当企业突破以下临界值时，数据驱动决策便从可选方案转化为生存刚需。

（1）管理半径 > 个体认知边界。

（2）生产要素 > 人工处理阈值。

（3）环境变量 > 经验知识存量。

这既解释了为何85%的财富500强企业设立首席数据官（CDO）岗位，也印证了世界经济论坛将数据分析能力列为21世纪基础素养的深层逻辑。在数字孪生技术普及的当下，读懂数据已成为商业文明的新元语言。

1.1.5　为什么人人都要会数据分析

国际数据管理协会（DAMA）2024年《数据素养白皮书》揭示：在数字化转型深度推进的现代商业环境中，数据解析能力已突破传统职业边界，从专业职能发展为基础性能力。

国际数据公司（International Data Corporation，IDC）2025年技术路线图指出，未来三年数据分析能力将呈现以下两大趋势。

（1）能力基线位移：数据解析能力将如同办公软件操作，纳入企业招聘基础门槛（渗透率预计达78%）。

（2）工具智能进化：AI分析系统将承担65%的常规分析工作，人类的工作转向异常值处理与战略校准（角色转换临界点：2026 Q3）。

这标志着商业文明正式进入"人机协同决策"的新纪元，数据分析不再是竞争优势，而是生存必需技能。

1. 数据成为职场通用语言，重塑协作生态

当企业决策从"经验主义"转向"数据驱动"时，职场沟通的逻辑也发生了根本性转变。例如，产品经理用转化漏斗数据说服技术团队优先开发高价值功能，人力资源通过离职率时序分析推动管理层优化考核体系，这种跨部门协作已离不开数据语言的桥梁作用。数据正在消解部门墙，让跨职能协作从"各自表述"升级为"事实对话"。

更关键的是，数据分析赋予职场人决策权威。在会议场景中，A/B测试结果能终结无意义的争论，某快消企业曾用此法将包装决策周期从3周压缩至72小时；在汇报场景中，动态数据看板取代了主观陈述，某市场经理凭借资源投入产出比的可视化分析，成功争取到追加预算。这种用数据建立话语权的模式，正在重构职场影响力格局。

2. 技术平权催生能力基线革命，倒逼素养升级

低代码工具和AI技术的普及，将数据分析能力从技术部门释放到全员手中。市场人员用Power BI自动生成渠道投放效果分析报告，耗时从每周8小时降至15分钟；行政人员通过Excel动态仪表盘管控成本，帮助企业减少差旅额外支出。更值得关注的是AI赋能的常态化，如销售团队结合ChatGPT与CRM（Customer Relationship Management，客户关系管理）数据生成客户分级策略，财务人员训练专属模型识别异常报销凭证等。

技术平权带来残酷现实是，当基础分析被工具自动化，职场人的能力基线被迫抬升。掌握数据清洗、数据分析、数据报告故事化呈现等能力，已成为不被淘汰的底线要求。

3. 数据思维重构生存逻辑，塑造新型职场基因

真正区分卓越与平庸的，是数据思维的内化程度。这种思维如同"显微镜"与"望远镜"的结合体：客服主管通过情绪分析锁定服务短板，降低投诉率；仓储管理员用库存周转率预测爆仓风险，提升仓库利用率；市场专员通过舆情数据监控，提前捕捉市场未来趋势；HR通过员工技能矩阵设计人才流动计划，降低企业核心人才流失率。

这种思维模式颠覆了传统职场逻辑，要求从业者既要有工程师般的严谨，如用假设检验替代直觉判断；又要具备艺术家的想象力，如从数据波动中发现商业模式的创新点。

4. 数据素养提升职业生命力，构建抗风险壁垒

在充满不确定性的时代，数据素养直接关系到职业生命力。领英数据显示，某一特殊时期，擅长数据驱动运营的零售从业者失业率仅为行业平均数的 1/3；掌握流程挖掘技术的白领，被自动化替代的风险下降 58%。

随着 AI 类工具接管基础分析任务，人类的独特价值正加速向高阶能力迁移。一项研究指出，未来职场核心竞争力将集中在以下两个方面。

（1）数据敏感度，如从 95% 的噪声中识别 5% 的关键信号。

（2）决策转化力，如 3 小时内将洞察转化为行动计划。

数据驱动的战略级思考，正在重塑行业竞争规则。

拒绝数据思维的职场人，犹如手持长矛面对机械化部队。从基层员工到管理者，数据能力都在重新定义价值坐标：它既是拆解 KPI 达成障碍的归因分析工具，又是构建个人影响力的故事化说服武器。当数据渗透到招聘、考核、创新等各个环节时，这种素养已超越技能范畴。那些能够驾驭数据思维的人，终将在人机协同的新生态中，更快地占有一席之地。而数据分析能力正是数据能力最基础的体现。

1.2 数据分析流程

1.2.1 数据分析流程介绍

数据分析流程是一套系统化的步骤集合，用于将原始数据转化为可指导决策的洞察。它从明确并定义问题开始，经过数据收集与清洗、分析与洞察，最终将结论落地应用，并持续优化验证，形成闭环。

在企业中，数据分析流程一般可以分为 4 个关键步骤，如图 1.3 所示。

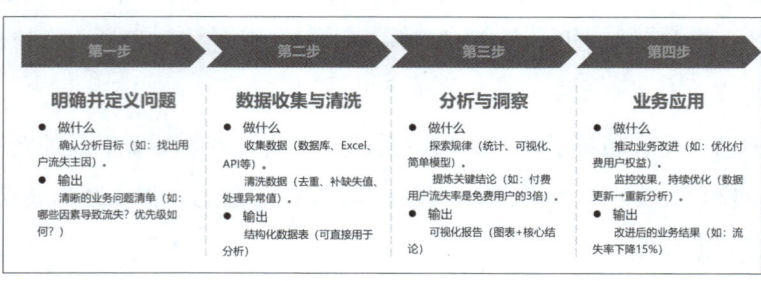

图 1.3　数据分析流程

1. 明确并定义问题

在数据分析的初始阶段，与需求方明确分析目标是确保项目价值的核心动作。例如，当业务方提出"分析用户流失原因"时，需通过深度对话剥离表层诉求，聚焦核心决策场景：若目标为"找出用户流失主因以设计挽留策略"，则需进一步追问"是定位关键流失路径，还是评估挽留策略的潜在收益"，从而避免分析方向出现偏差。

明确分析目标后需要输出一份问题清单，问题清单需遵循"结构化拆解"原则，将抽象目标转化为可量化、可追溯的具体问题。例如，"哪些因素导致用户流失"的分析目标可拆解为如下问题。

（1）数据可行性校验：用户行为埋点是否覆盖关键节点？历史数据是否具备纵向对比条件？

（2）用户分群维度：流失是否集中于特定用户属性（如高价值用户、新注册用户）？

（3）行为路径关键环节：流失前用户是否存在关键行为缺失（如未完成支付、未激活核心功能）？

（4）归因验证：流失峰值是否与竞品活动、产品改版或政策变化强相关？

问题定义的准确性直接决定分析成败。若目标模糊，如仅要求"分析流失数据"而非"定位可干预动因"；或问题清单遗漏关键变量，如未区分自然流失与体验型流失，将导致后续数据清洗、建模与验证偏离业务需求，最终得到"准确但无用"的结论。

2. 数据收集与清洗

准备数据是数据分析的基石，需遵循"多源收集—深度清洗—结构化整合"的完整链路。数据收集阶段需基于业务需求选择数据源。

（1）整合内部系统：通过 SQL 查询从 CRM、日志系统中获取用户行为埋点，从企业数据仓库（如用户库、行为库、交易表）中提取核心数据。

（2）补充外部数据：通过 API 对接第三方平台，如广告投放平台的渠道转化数据、社交媒体舆情数据。

（3）导出异构数据：将数据平台看板的离线数据导出至 Excel/CSV。

在数据清洗阶段需建立标准化处理流程。

（1）数据去重：基于主键（如用户 ID+ 时间戳）或业务规则（如同一会话内重复事件）仅保留首次记录，剔除冗余数据。

（2）处理缺失值：针对用户属性缺失（如收入未填写）采用平均数填充；针对关键行为缺失（如支付环节日志丢失），则需与开发团队协同修复埋点。

（3）修正异常值：通过 Z-Score 法识别数值离群点（如用户单日浏览时长 > 8 小时），结合业务逻辑判断是否为异常数据，并采用删除或者截断的方式处理，如超过 8 小时全部记为 8 小时。

清洗后的数据可以按照数据之间的关系，构建业务可用的结构化数据集，同时需要记录本次清洗动作，以备后续查证。

3. 分析与洞察

数据收集与清洗完成后，数据分析与洞察阶段需通过"统计—可视化—建模"的协同分析框架，深度挖掘数据价值，形成可复用的业务洞察。这一阶段的核心目标是将清洗后的结构化数据转化为驱动决策的逻辑证据链，需围绕业务问题清单，从宏观分布到微观特征逐层拆解。

通过数据统计与分布诊断（如描述性分析、趋势分析等）快速定位异常波动，进一步利用数据分析中的细分思维，将异常数据拆解到不同的维度。例如，将渠道拆分为线上和线下，线上拆分为京东、天猫、抖音等，快速定位异常发生的具体因素；也可以利用相关性分析量化变量间的关联强度，排查与异常问题相关性强的指标，并优先处理。

基于数据分析结果，利用图表将枯燥的数字转化为直观的图表，可以更加清晰地展现数据规律。例如，利用折线图查看趋势，更容易发现基于时间变动的异常波动；利用饼图或者柱状图可以轻松对比不同群体的占比；利用漏斗图可以快速定位流程中的问题环节。图表在展现数据关系上具有先天优势，图表报告可以让管理层一眼看懂关键问题。

最后基于数据洞察，回归业务需求，输出有价值的分析结果。例如，游戏数据运营人员通过分析新用户流失与注册时间的关系，发现"新用户流失主要发生在注册后 3 天内"，提出优化新手引导流程的建议。

通过数据分析、可视化、分析结果和建议，把杂乱的数据变成清晰的行动方案，让数据真正解决业务问题。

4. 业务应用

在数据分析与洞察业务问题以后，接下来要做的就是要基于洞察结果输出业务建议，并推动业务改进。例如，与产品经理、游戏运营共同制定新的新手引导流程，并推动新的新手引导流程上线，必要时需要经过 A/B 实验，查看方案是否有效。若方案有效，新用户留存率得到较好的改善，则扩大新的新手引导流程全面上线；若效果未达预期，则启动根因分析，通过以上流程的循环，不断探查提升新用户留存率的方法。

1.2.2　AI 在数据分析流程中的作用

在数据分析流程的 4 个步骤中，AI 在数据收集与清理、分析与洞察、业务应用中皆有较好的应用。

在数据收集与清理阶段，AI 如同一位全天候值守的智能清道夫，以远超人类的效率和精度处理数据中的"脏乱差"。面对原始数据表，AI 不仅能快速定位重复值，还能利用异常检测模型查找出人工极易遗漏的异常记录。对于缺失值，AI 不仅能实现平均数填充，还能结合上下文语义进行智能推断，识别异常值，并根据历史数据填充合适的数据。待数据清洗完之后，AI 还会调用预置的公式库推荐正确表达式，并自动更新所有指标。这种"一键式"的清洗能力，使得数据分析新人无须深究 VLOOKUP 函数嵌套或 Python 正则表达式，即可在 3 分钟内将杂乱数据转化为可直接用于建模的规整表格。

在分析与洞察阶段，AI 化身为数据分析专家顾问。在海量信息中快速锁定关键分析路径。例如，针对零售行业数据，自动分析渠道、产品、月份等维度的变量，分维度进行数据统计分析。在可视化呈现上，AI 会根据分析目标智能匹配图表类型——用桑基图展示用户转化路径中的流失环节，用热力图呈现区域销售差异，用折线图对比不同季度的增长趋势。更关键的是，AI 能穿透数据表象提炼业务洞见。例如，当发现某快餐连锁店午市订单量下降但客单价上升时，系统不仅会指出"套餐组合优化策略见效"，还会进一步建议"在晚市推广高毛利单品"。对于缺乏经验的数据分析新手，AI 的结论解读功能如同一本实时更新的分析手册。

在业务应用阶段，AI 展现出强大的自动化迭代能力，再次执行数据清洗、统计分析、结论再生和效果反馈，这种"自我"的机制，使得即使没有编程基础的业务人员，在了解 AI 执行步骤后，也能轻松实现"数据监控→策略调整→效果验证"的完整闭环。

对于非数据分析专业人员来说，AI 的以上功能极大地降低了数据分析学习的门槛，使得数据分析效率得到了极大的提升。

1.3 数据分析工具

1.3.1 数据分析常用工具介绍

在当今数字化时代，数据已成为企业决策和运营的核心资产。为了更好地管理和利用数据，各种与数据相关的工具应运而生，主要可以分为三类：数据存储工具、数据分析工具和数据呈现工具。

1. 数据存储工具

数据存储工具主要有数据库和文件两大类。其中，数据库以关系型数据库 MySQL 为主，它是一种结构化的数据存储方式，能够高效地存储和管理大量数据，支持复杂的查询和事务处理，因此在互联网行业得到了广泛应用。除了数据库，文件也是常见的数据存储方式，常见的文件类型有 Excel 和文本文件（如 .csv 和 .txt）。Excel 和文本文件是最基础的数据存储工具，它们操作简单、易于上手，几乎每个企业都在使用。例如，Excel 表格可以方便地存储结构化数据，如员工信息表、销售数据表等；而文本文件则常用于存储日志信息或简单的数据记录。这些基础的数据存储工具虽然功能相对简单，但在日常办公和小型数据管理中发挥着重要作用。

2. 数据分析工具

数据分析工具是帮助我们从海量数据中提取有价值信息的关键工具。常见的数据分析工具主要有 Excel、MySQL 和 Python。Excel 是职场人员进行数据分析最基础的软件，它无须编程，通过简单的公式和函数即可完成数据的筛选、排序、汇总等操作，非常适合处理小规模的数据分析任务。

然而，对于更复杂的数据分析需求，MySQL 和 Python 则更为强大。MySQL 作为关系型数据库，不仅可以存储数据，还可以通过 SQL 语句进行高效的数据查询和分析，适合处理大规模的结构化数据。Python 则是一种强大的编程语言，它拥有丰富的数据分析库，如 Pandas、Numpy 等，能够进行复杂的数据处理、统计分析和机器学习算法的实现。但使用 MySQL 和 Python 进行数据分析需要使用人员具备一定的编程能力，甚至还需要具备一定的统计学知识和算法知识。因此，这些工具更适合有一定技术背景的数据分析师或数据科学家使用。

3. 数据呈现工具

数据呈现工具的作用是将分析后的数据以直观的方式展示出来，帮助决策者更好地理解数据背后的信息。常见的数据呈现工具有专业的商业智能软件，如 PowerBI、Tableau 和 FineBI。这些软件功能强大，能够将数据以丰富的可视化形式展示，如柱状图、折线图、饼图、仪表盘等，支持数据的交互式探索，非常适合企业级的数据展示和分析报告的制作。除了专业的商业智能软件，还有如 Python 可视化库类的编程工具，如 Matplotlib、Seaborn 等，它们可以为数据分析师提供更灵活的可视化定制选项。此外，PPT 也是一种常见的数据呈现工具，它以汇报为主，适合大部分职场人使用。通过 PPT，可以将数据分析的结果以文字、图表、图片等多种形式组合在一起，制作成精美的汇报材料，向团队或客户展示数据的价值和洞察。

在当今数据驱动的时代，AI 类工具如 DeepSeek 正在成为数据处理与分析领域的重要力量，其与传统工具的融合应用正不断拓展数据价值挖掘的边界。DeepSeek 不仅能够与数据库（如 MySQL）、数据分析工具（如 Python）和数据呈现工具（如 PowerBI）高效交互，还能深度整合 Excel 和 PPT 等常用办公软件，为企业提供从数据存储、分析到呈现的一站式解决方案。

在 Excel 中，DeepSeek 的功能尤为强大。它可以嵌入 Excel 环境，辅助用户编写复杂的函数公式，快速设计数据透视表和图表，帮助用户高效完成数据分析任务。同时，DeepSeek 支持将实时业务数据与 Excel 数据整合，通过公式（如 VLOOKUP）进行分析。还能复用 Excel 报表模板，实现动态数据更新，极大地提升了 Excel 在复杂数据场景中的应用能力。

而在 PPT 制作中，DeepSeek 的智能辅助功能也发挥着重要作用。它能够一键生成数据可视化图表，快速填充数据并优化排版，使汇报更加直观、专业。DeepSeek 还可以根据用户输入的内容提供智能建议，帮助用户快速完成 PPT 的内容创作，提升汇报效率。

通过与 Excel 和 PPT 的深度融合，DeepSeek 不仅提升了这些工具在数据分析和呈现中的效率，还拓展了其在复杂数据场景中的应用能力。这种多工具融合模式，助力企业高效挖掘数据价值，推动数据驱动决策，为企业的发展提供了强有力的支持。

本书的数据分析学习路径以具有数据存储和分析能力的 Excel、具有汇报功能的 PPT 和具有强大推理能力的 DeepSeek 三者的联合为主线。

1.3.2　数据分析工具的下载与安装

1. Excel 和 PPT 的下载与安装

Excel 和 PPT 都属于 Microsoft Office 产品。Microsoft Office 是一套由微软公司开发和发布的办公软件套装，其包含了一系列强大的办公工具，旨在提高办公效率和专业性。自 1989 年发布以来，Microsoft Office 经历了多个版本的更新和升级，不断适应和满足用户的需求。Microsoft Office 最常见的版本有 Microsoft Office 2021、Microsoft Office 2019 等，Microsoft Office 每次版本的升级都能为用户提供更多实用、高效的工具和功能。下面介绍 Microsoft Office 的下载及安装步骤。

（1）访问官网：打开浏览器，访问 Microsoft 官方网站，根据需求选择合适的 Office 版本，如图 1.4 所示。

图 1.4　Office 官网页面

第 1 章　数据分析基础

（2）选择最新版本的 Office 家庭版 2024，按照提示购买产品，如图 1.5 所示。

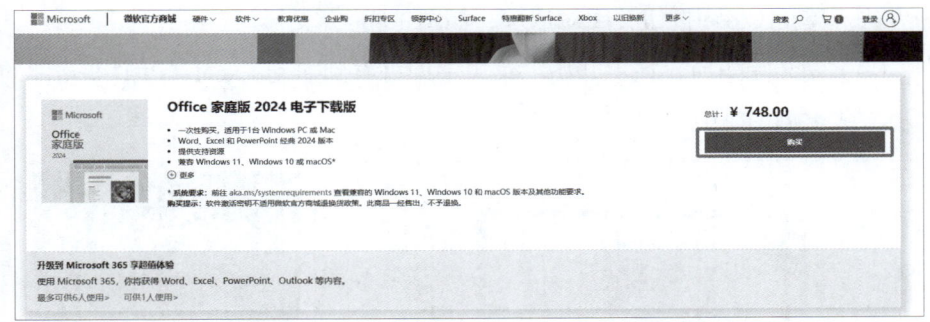

图 1.5　购买产品

（3）登录已下载的 Microsoft Office，页面会跳转到 www.office.com，如图 1.6 所示。

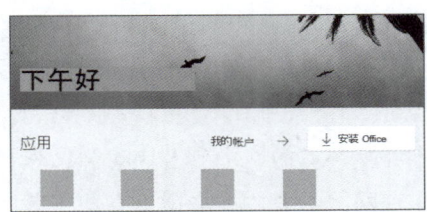

图 1.6　登录页面

（4）在主页中选择"安装 Office"，默认情况下会安装 64 位版本。

（5）在 Microsoft Edge 或 Internet Explorer 浏览器中选择"运行"；或者在 Firefox 浏览器中选择"保存文件"。如果提示"是否允许此应用对设备进行更改？"单击"是"按钮，开始安装软件，如图 1.7 所示。

图 1.7　安装页面

（6）安装完成后会弹出一个对话框，提示"你已设置完毕！Office 现已安装"和动画播放，用于介绍在计算机上查找 Microsoft Office 应用程序位置的方法。单击 Close 按钮关闭对话框，如图 1.8 所示。

（7）安装完毕后，在"开始"菜单中即可看到启动 Excel、PPT 等软件的快捷方式，如图 1.9 所示。

图 1.8　提示对话框

图 1.9　快捷方式

2.DeepSeek 与 Office 的融合

Office 可以内嵌 DeepSeek，需要下载 OfficeAI，步骤如下。

（1）访问 OfficeAI 官网，单击"点击这里高速下载"，即可下载 OfficeAI，如图 1.10 所示。

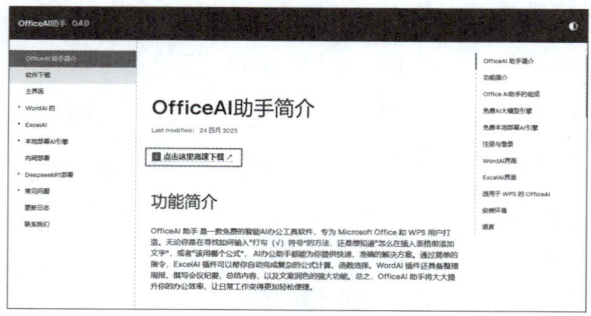

图 1.10　OfficeAI 官网

> 说明：目前 OfficeAI 只支持 Windows 操作系统，macOS 暂无该插件。

（2）安装 OfficeAI。安装前，应关闭所有 Office 文件，双击进入 OfficeAI 安装界面，如图 1.11 所示。

第 1 章 数据分析基础

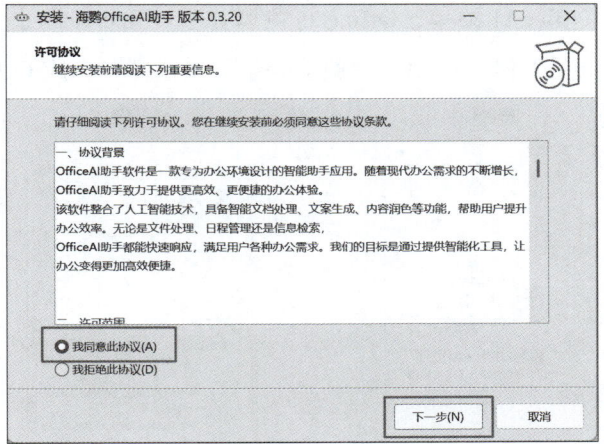

图 1.11 安装界面

（3）单击"下一步"按钮继续安装。安装过程中会弹出其他组件的安装选项，选择需要安装的组件然后继续安装即可，如图 1.12 所示。

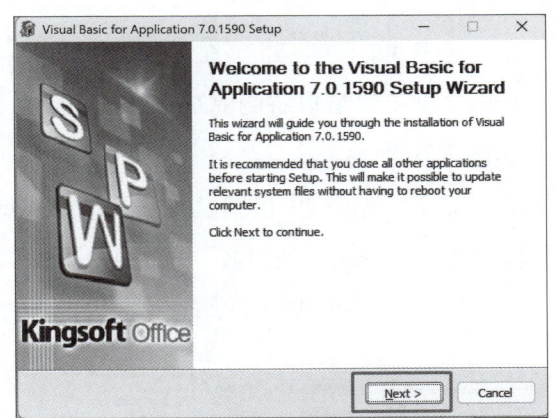

图 1.12 安装组件

（4）安装完成后打开 Office，出现新的菜单 OfficeAI，如图 1.13 所示。

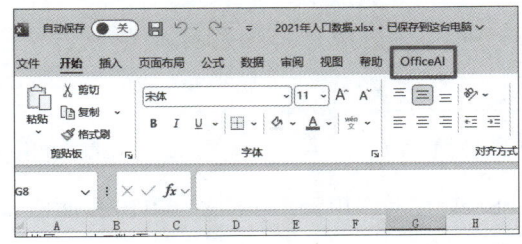

图 1.13 安装完成

助学答疑

017

（5）单击 OfficeAI 菜单，Office 右侧弹出"OfficeAI 助手"窗口。勾选"同意协议"（见图 1.14），并单击"微信登录"按钮即可完成 OfficeAI 的登录，如图 1.15 所示。

 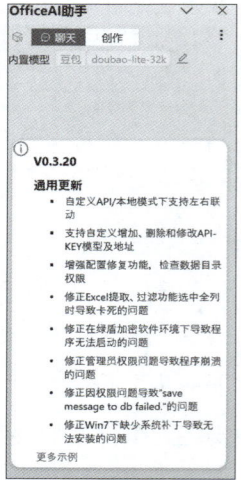

图 1.14　登录页面　　　　图 1.15　登录成功

（6）单击"OfficeAI 助手"窗口右侧的三个点按钮，在弹出的菜单中选择"设置"选项，如图 1.16 所示。

（7）打开"设置"窗口，单击"大模型设置"下的 ApiKey。在 ApiKey 页面中设置"模型平台"为 DeepSeek，"模型名"为 deepseek-R1，如图 1.17 所示。

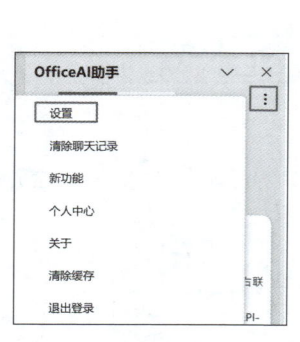 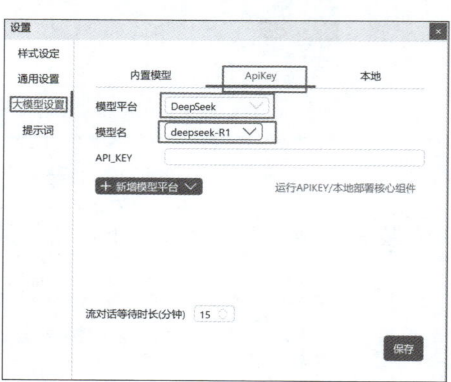

图 1.16　模型设置入口　　　　图 1.17　设置 ApiKey

（8）登录 DeepSeek 官网，申请 ApiKey。单击页面右上角的"API 开放平台"，如图 1.18 所示。

第 1 章　数据分析基础

图 1.18　获取 API 入口

（9）在打开的页面左侧选择 API keys 选项，在右侧单击"创建 API key"按钮，如图 1.19 所示。

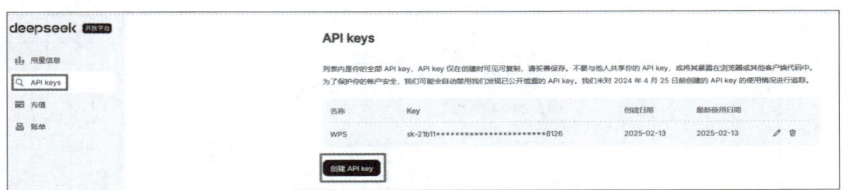

图 1.19　创建 API key

（10）在打开的"创建 API key"对话框中输入名称，然后单击"创建"按钮，如图 1.20 所示。

（11）复制新创建的 API key，如图 1.21 所示。

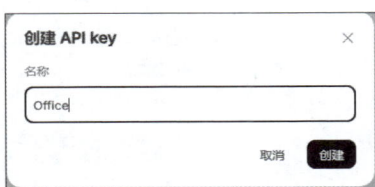 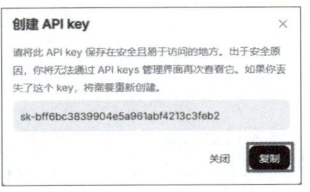

图 1.20　输入 API key 名称　　　　图 1.21　复制 API key

（12）将复制的 API key 粘贴到 OfficeAI "设置"窗口中的 API_KEY 编辑栏中，然后单击"保存"按钮，如图 1.22 所示。

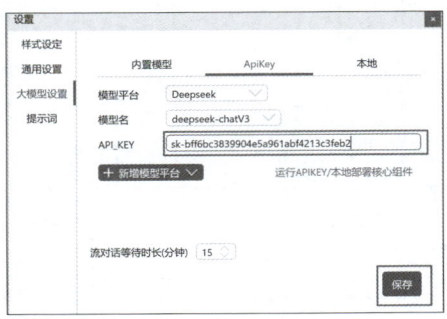

图 1.22　设置 OfficeAI API_KEY

019

（13）设置完毕，弹出对话框提示大模型设置保存成功，单击"确定"按钮，如图 1.23 所示。

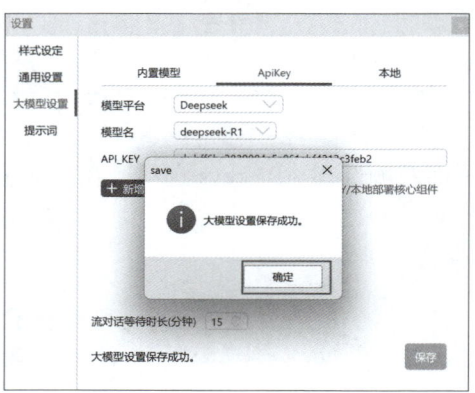

图 1.23　大模型设置完成

（14）"OfficeAI 助手"窗口中会显示已经设置好的大模型，如图 1.24 所示。

（15）在"OfficeAI 助手"窗口下方的文本框中输入指令，即可开启 DeepSeek 和 Office 的应用。例如，输入提示词"请帮我统计数据中有多少行"，输出结果如图 1.25 所示。

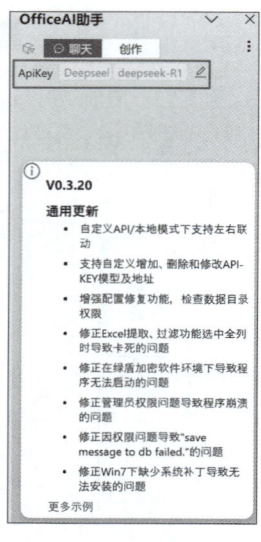

图 1.24　查看大模型

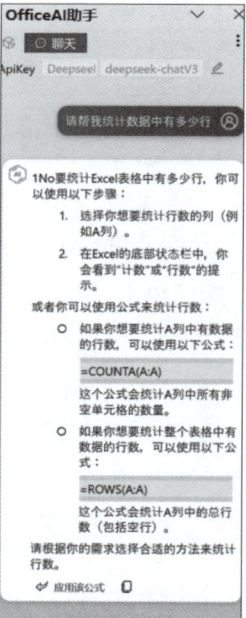

图 1.25　输出结果

1.4 DeepSeek 在数据分析中的应用

在数据分析领域，DeepSeek 的低代码模式可以在 Excel 文件中借助 OfficeAI 应用，也可以直接使用 DeepSeek 应用。

1.4.1 DeepSeek 数据分析低代码模式

DeepSeek 的低代码应用模式可以分为三种，分别是自然语言下的即时交互模式、网页端的文本交互模式和数据表文件的交互模式。这三种应用模式极大地拓展了数据分析的可行性，提升了数据分析的效率。

1. 自然语言下的即时交互模式

用户通过日常语言描述需求，DeepSeek 就能迅速理解并执行相应的数据分析任务。例如，输入提示词"我有一份月度销售数据，使用什么图表进行展示最合适"，DeepSeek 就会自动分析用户需求，并快速给出答案。生成内容如下：

> 以下是针对月度销售数据的图表推荐（无示例图）：
>
> **1. 观察整体趋势**
>
> **选择折线图**
>
> 横轴：月份；纵轴：销售额。
>
> 适合场景：快速识别销售额的上升/下降趋势、周期性波动（如节假日效应）。
>
> 升级技巧：
>
> ・添加趋势线（线性或多项式）预测未来走势。
>
> ・高亮特殊月份（如促销季用红色标记）。
>
> **2. 对比各月数值**
>
> **选择柱状图**
>
> 横轴：月份；纵轴：销售额。
>
> 适合场景：强调单月销售额绝对值，便于比较哪月的销售额最高/最低。
>
> 升级技巧：
>
> ・排序柱子（从高到低）增强对比度。
>
> ・添加参考线（如年度平均线）辅助判断。
>
> **3. 分析构成比例**
>
> **选择堆叠柱状图或面积图**
>
> 横轴：月份；纵轴：销售额，用颜色区分子类别（如产品、渠道）。

适合场景：展示每月总销售额中不同组成部分的占比变化。

注意：子类别不宜过多（≤5种），避免视觉混乱。

4. 追踪目标达成

选择组合图（柱状图+折线图）

- 柱状图：实际销售额。
- 折线图：目标达成率（百分比，用次纵轴）。

适合场景：同时监控销售额绝对值与目标完成进度。

5. 探索多因素关联

选择热力图

横轴：月份；**纵轴**：相关变量（如促销费用、客流量）。

颜色深浅：销售额高低。

适合场景：分析哪些因素（如广告投入、天气）与销售额强相关。

6. 工具选择

快速出图：Excel（推荐使用"快速分析"功能）、Google Sheets。

自动化报告：Power BI（可设置按月自动刷新）。

代码灵活处理：Python（Pandas + Matplotlib/Seaborn）。

交互分析：DeepSeek 支持自然语言指令生成动态图表（如"生成2023年月度销售额趋势图"）。

7. 关键设计原则

减少噪声：去掉冗余网格线、非必要图例。

明确焦点：用对比色突出关键数据点（如峰值月份）。

结论驱动：图表标题直指核心发现（如"Q4促销推动12月销售额激增58%"）。

在这里，用户只是简单地提出了自己的疑问，DeepSeek 就能通过推理模型，从不同的维度给出了基于"每月销售数据"的适用图表和操作步骤，并提示可以用哪些工具完成以上的图表制作，最后还给出了图表设计的原则，提示图表做完之后要有结论输出。

2. 网页端的文本交互模式

用户可以在网页端通过纯文本指令来控制 DeepSeek 数据分析。可以灵活地通过文本指令指定数据源、分析方法和结果展示形式等，对于经常在不同设备间切换工作且对数据分析有一定基础的用户来说，这种模式提供了极大的便利性和灵活性，适合较小的数据源。表 1.1 为各地区 1—12 月的销售数据。

表 1.1 各地区 1—12 月的销售数据

月份	东北	华北	华东	西北	西南	中南
1	82095	38535	26114	2082	26691	47347
2	35548	33737	60808	11631	33767	109992
3	69194	72609	134678	15574	9919	97738
4	56508	25958	89373	16961	28833	115768
5	112408	101193	180347	20982	25221	192652
6	66946	105613	181647	55893	40332	115093
7	78108	40044	96776	1235	46877	77266
8	103564	60224	175867	22012	44523	182556
9	90643	98673	144698	29704	7237	131846
10	79028	186929	160594	6643	23621	120636
11	71685	48355	142121	48328	35559	122773
12	105273	63244	174657	39833	63527	98009

将表 1.1 中的数据复制并粘贴到 DeepSeek 对话框中，并输入提示词"请对以上数据按照月份进行分析，并给出对应的建议和意见。"如图 1.26 所示。

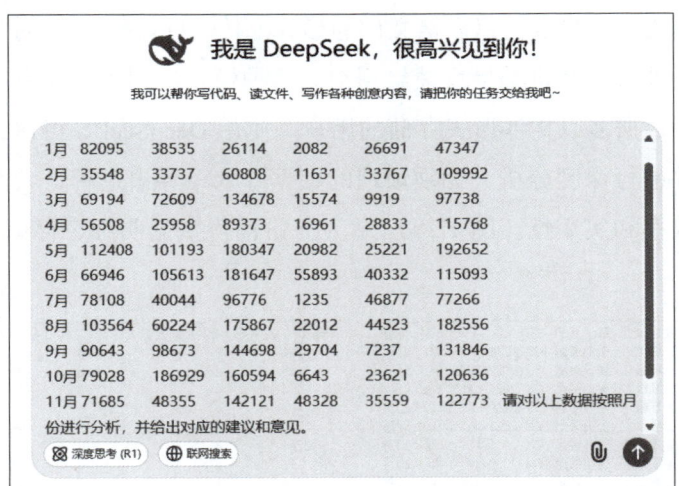

图 1.26 输入数据

部分分析结果如图 1.27 所示。

零基础玩转DeepSeek：秒懂数据分析

11月
- **华东**地区表现最佳，达到142121。
- **西北**地区表现较差，为48328。
- **建议**：西北地区需要加大市场投入，提升品牌知名度。

12月
- **华东**地区表现最佳，达到174657。
- **中南**地区表现较差，为98009。
- **建议**：中南地区需要优化产品结构，提升市场竞争力。

总结
- **华东**和**中南**地区在全年表现较为稳定且突出，建议其他地区可以借鉴其成功经验。
- **西北**地区全年表现较差，需要加强市场推广、销售策略和品牌知名度。
- **西南**和**华北**地区在某些月份表现不佳，需要针对性地进行市场调研和策略调整。

通过以上分析，各地区可以根据自身情况制定相应的改进措施，以提升整体业绩。

图1.27　部分分析结果

通过以上方式，即可实现对小型数据的分析，并让DeepSeek给出对应的分析结论。

3. 数据表文件的交互模式

在此模式下，将数据以表格文件的形式上传，DeepSeek会对文件中的数据进行分析处理，并将结果反馈给用户。这种模式适用于已经有一定数据整理习惯，且数据多以文件形式存储的用户。使用DeepSeek，可以方便地对本地数据文件进行深度分析，无须烦琐的数据导入、导出过程，大大提升了数据分析的效率和实用性。图1.28所示为一份销售数据明细，存储在Excel文件中。

类别	行 Id	装运模式	装运状态	订单 Id	订单日期	月份	利润	发货前天数	发货前天数(计划)	折扣	数量	销售额
办公用品	1	二级	提前装运	US-2022-	2022/4/27	4月	-61	2	3	40%	2	130
办公用品	2	标准级	提前装运	CN-2022-	2022/6/15	6月	43	4	6	0%	1	125
办公用品	3	标准级	提前装运	CN-2022-	2022/6/15	6月	4	4	6	40%	2	32
办公用品	4	标准级	提前装运	US-2022-	2022/12/9	12月	-27	4	6	40%	4	321
办公用品	5	二级	提前装运	CN-2021-	2021/5/31	5月	550	2	3	0%	3	1376
技术	6	标准级	提前装运	CN-2020-	########	10月	3784	4	6	0%	9	11130
办公用品	7	标准级	提前装运	CN-2020-	########	10月	173	4	6	0%	7	480
家具	8	标准级	提前装运	CN-2020-	########	10月	2684	4	6	0%	4	8660
办公用品	9	标准级	提前装运	CN-2020-	########	10月	47	4	6	0%	5	588
办公用品	10	标准级	提前装运	CN-2020-	########	10月	34	4	6	0%	5	154
技术	11	二级	提前装运	CN-2019-	########	12月	4	2	3	0%	2	434

图1.28　销售数据明细

在DeepSeek对话框中单击 @ 按钮，选择数据存储的位置，上传文件，如

助学答疑

图 1.29 和图 1.30 所示。

图 1.29　上传文件

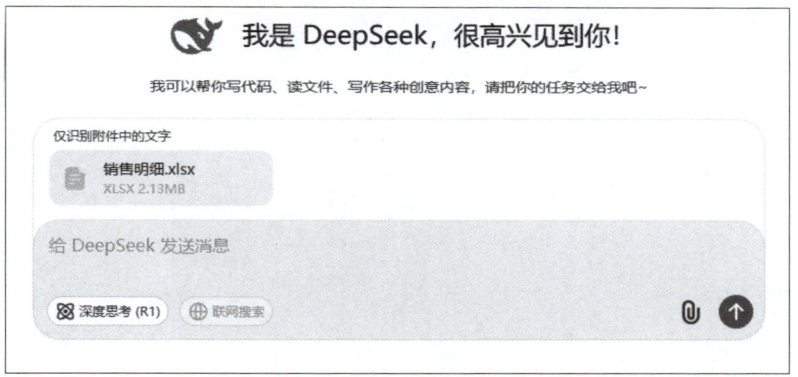

图 1.30　上传文件成功

文件上传后，即可输入提示词，让 DeepSeek 输出数据统计结果及分析建议。

以上三种模式无须任何代码，非常适合不会写代码的职场人士应用。

1.4.2　DeepSeek 在 Office 内部的低代码应用

DeepSeek 在 Office 内部的低代码应用需要借助 OfficeAI。OfficeAI 是一款免费的智能 AI 办公工具，专为 Microsoft Office 和 WPS 用户打造。通过简单的指令，即可自动完成复杂的公式计算、函数选择等。

按照 1.3.2 小节中的步骤安装 OfficeAI 并配置了 DeepSeek 的 API key 后，打开 Excel。Excel 菜单栏中会出现 OfficeAI 菜单项，单击该菜单，在页面右侧出现"OfficeAI 助手"窗口。其中，底部的输入框可以输入提示词，以实现用户与 DeepSeek 的交互，如图 1.31 和图 1.32 所示。

零基础玩转 DeepSeek：秒懂数据分析

> 特别注意：在当前的版本下，OfficeAI 每次只能处理并输出一个结果。如果需要输出多个公式和结果，则需要分开提问。

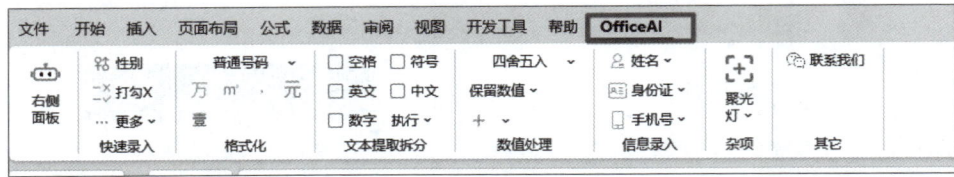

图 1.31　OfficeAI 菜单

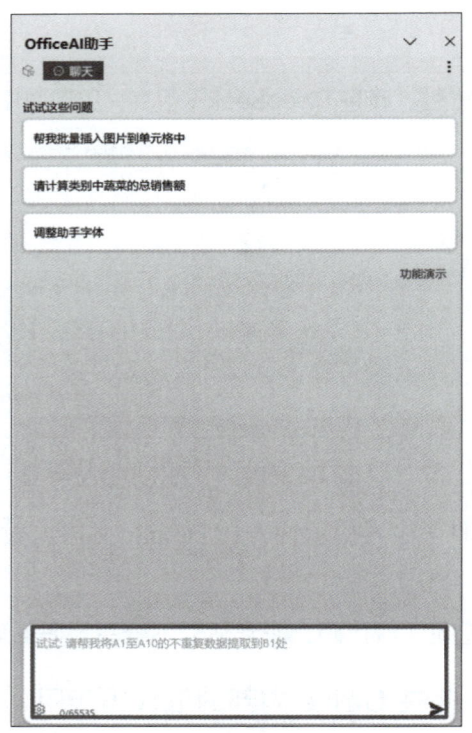

图 1.32　OfficeAI 提示词输入框

  DeepSeek 官网和 OfficeAI 都可以实现数据分析，但是 DeepSeek 官网无法直接生成数据分析文件，且无法保留函数。因此，对于无须公式、只需要分析结果的数据分析，或者数据量相对较低的情况，可以考虑在 DeepSeek 官网上传文件进行数据分析。如果需要保留公式，且需要对公式进行优化，则建议使用 OfficeAI 配置 DeepSeek 大模型实现。

1.4.3　DeepSeek、OfficeAI 内嵌 DeepSeek 与 Excel 优劣势对比

DeepSeek 官网、OfficeAI 内嵌 DeepSeek 都是 DeepSeek 在数据分析上的应用，Excle 则是数据分析常用工具。如何根据工作选择这三种工具，需要根据业务场景、数据处理量、业务目的、是否免费等因素进行综合评估。数据分析工具优劣势对比见表 1.2。

表 1.2　数据分析工具优劣势对比

序号	工具	优势	劣势
1	DeepSeek 官网	即时交互 无须代码 文本、文档、Excel 多种形式 提示词简单 直接输出建议和意见	处理数据量小 无法直接作图 无法直接读取网站链接 无法输出文件 结果需要校验
2	OfficeAI 内嵌 DeepSeek	即时交互 无须代码 文本、Excel 多种形式 提示词简单 处理过程和结果可以存储在 Excel 中	无法直接输出分析结论
3	Excel	处理数据灵活多样	需要一定的 Excel 基础

1.4.4　DeepSeek 提示词写作方法

在运用 DeepSeek 进行数据分析的过程中，对提示词的专业性要求相对不高。这主要源于 DeepSeek 推理模型的独特性，该模型具备强大的自然语言理解和处理能力，能够较为准确地把握用户的意图和需求，从而在一定程度上降低了对提示词专业性的依赖。这种特性使得普通用户在与 DeepSeek 进行交互时，无须具备深厚的专业知识和技能，也能够较为顺利地获取所需的数据分析结果，极大地降低了与 DeepSeek 交互的门槛，使更多人能够便捷地利用 DeepSeek 进行数据分析。

基于不同的数据分析需求和工作方式，可以将实际的数据分析场景划分为两种类型：周期性流程化分析场景和探索性分析场景。相应地，与 DeepSeek 的交互模式也可以分为两种：周期性流程化分析场景和探索性分析场景，如图 1.33 所示。

分析场景一	实际应用	分析场景二
周期性流程化分析场景	**初学者学习指南**	**探索性分析场景**
● 场景特征：固定周期；标准化流程；重复性高，方法明确 ● 交互模式：批处理任务提交；预设分析模板；自动化输出	● 沟通框架：数据背景 → 分析目标 → 预期输出 ● 错误恢复机制：当出现偏离时，使用"回到上一步分析维度"重置分析路径 ● 创建个人知识库	● 场景特征：目标开放；动态调整分析路径；需要假设验证 ● 交互模式：渐进式提问；记忆管理；可视化引导

图 1.33　交互模型

（1）在周期性流程化分析场景中，数据分析工作通常具有固定的周期和既定的流程，如企业每月的销售数据统计与分析、月度财务报表分析等。这类场景下的分析任务往往重复性较高，且有着明确的步骤和方法。因此，在与 DeepSeek 进行交互时，主要采用批处理、定式处理的模式，一次性提交大量的数据和较为固定的分析任务。DeepSeek 会按照预设的流程和参数进行自动化分析，输出标准化的分析报告，以提升工作效率和保证分析结果的一致性。

（2）在探索性分析场景中，数据分析的目的往往是发现新的趋势、关系或洞察，具有较大的不确定性和灵活性。例如，在市场研究中寻找潜在的消费者需求；在用户行为分析中，探索用户的偏好等。此时，与 DeepSeek 的交互更多地采用逐步提示的模式，用户根据初步的分析结果不断调整分析思路和方法，提出新的问题和假设，DeepSeek 则根据用户的实时反馈进行动态调整和进一步的深入分析。这种交互模式能够充分发挥 DeepSeek 的智能优势，协助用户在复杂的数据海洋中进行灵活的探索，挖掘出有价值的信息和知识。

逐步提示的交互模式不仅适合探索性数据分析，也适合初学者。对于初学者而言，该模式提供了一种循序渐进的方法，帮助用户在任何数据分析场景中逐步构建分析流程。需要注意的是，在分析过程中，用户需要及时要求 DeepSeek 回忆之前的分析内容，以确保前后分析的连贯性。这不仅有助于初学者逐步掌握数据分析的方法和技巧，还能保证整个分析过程的逻辑性和系统性。

第 2 章 数据清洗

数据清洗是确保分析结果可靠、模型性能优异的重要手段，能够为数据分析和决策提供高质量的数据支持，是数据分析和处理过程中的关键步骤，其重要性体现在多个方面。

（1）数据清洗能够显著提高数据质量。通过去除错误、不一致或不准确的数据，可以确保数据的准确性。同时，清洗可以填补缺失值或处理不完整的记录，还能统一不同来源或字段之间的数据格式。

（2）数据清洗有助于减少分析偏差。异常值或噪声数据可能对分析结果产生误导。此外，清洗还能去除重复记录，避免重复计算或分析。

（3）数据清洗能够提高模型性能。在机器学习或统计建模中，低质量数据会降低模型的预测能力。通过清洗数据，去除噪声、填补缺失值及标准化数据格式，可以显著提高模型的准确性和可靠性。

数据清洗是数据分析过程中不可或缺的一步，它包括识别和处理缺失值、异常值、重复数据等问题。

本章将介绍数据清洗的基本概念和方法，以及如何应用这些方法来解决常见的数据质量问题。通过数据清洗，可以提高数据的可用性，为数据分析和决策提供坚实的基础。

2.1 数据质量

数据质量（Data Quality）是指数据在满足特定需求或用途方面的适用性和可靠性。它是衡量数据是否能够准确、完整、一致地反映现实世界的一种标准。数据质量的好坏直接影响数据分析、决策支持和业务流程的效率与准确性。数据质量评估维度主要包括完整性（Completeness）、准确性（Accuracy）、一致性（Consistency）、时效性（Timeliness）、唯一性（Uniqueness）、有效性（Validity）等，如图 2.1 所示。

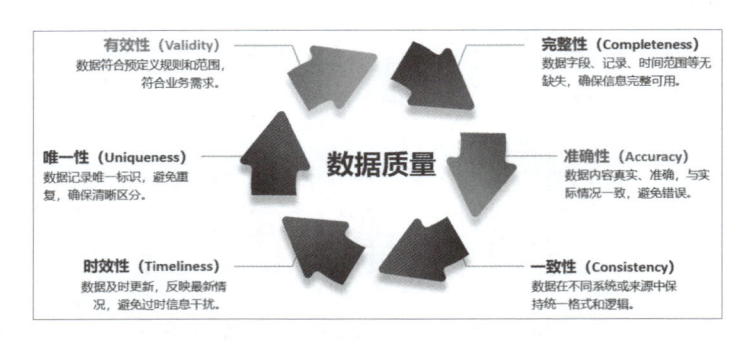

图 2.1　数据质量评估维度

2.1.1　完整性

数据完整性是衡量数据质量的关键因素之一。简单来说，数据完整性就好比一张拼图，如果拼图缺了几块，就很难看清完整的画面。数据完整性主要体现在几个方面：首先是字段，就像表格里的每一列，如客户信息表里有姓名、性别、联系方式等字段，如果联系方式这一列有很多空白，那数据就不完整；其次是记录，也就是表格里的每一行，如果有些客户的信息没有被完整记录下来，也会导致数据缺失；再就是时间范围，如统计一年的销售数据，如果某些月份的数据丢失，那么分析结果就会不准确。

2.1.2　准确性

数据准确性是指数据是否真实、无错误地反映了现实世界中的事物或事件。例如，一个数据库中记录的用户年龄为 30 岁，而实际年龄确实是 30 岁，这样的数据就是准确的；相反，如果记录年龄大于或者小于 30 岁，则是不准确的。现在也会有一些报道修改实验数据，以期达到获取实验经费的目的，其实就是违背了数据的准确性。这样的实验结果就是不可信的，也无法支持研究的继续。

2.1.3　一致性

数据一致性是指数据在逻辑、格式、单位等方面保持统一，就像我们在描述同一件事情时，说法和标准要一致。例如，一个字段用"男"和"女"表示性别，而另一个字段用 M 和 F 表示性别，这种不一致性会影响数据的使用。同样地，在对数据进行分析时，还要注意数据单位的一致性。如果单位不一致，则需要对数据进行先行处理以后才能继续进行分析。

2.1.4 时效性

数据时效性是指数据是否是最新的，是否能够反映当前的状态。例如，过时的库存数据可能导致错误的补货决策。例如，"618"促销活动期间，各个品牌都会时刻关注销售情况及竞品的价格变动，以便及时调整库存和价格，达到销售最大化的目的。这里就是在强调数据的时效性，促销活动结束后再关注"618"期间的数据则缺乏时效性，也不会对促进销售有任何的增益。

2.1.5 唯一性

数据唯一性是指系统中的每个数据实体（如用户、产品等）都是独一无二的，不会重复。就像我们的身份证号码，每个人的都是唯一的，这样才能确保我们能准确区分每个人。如果一个用户在系统中被重复记录了两次，那么每次发送通知或者进行数据处理时，都会对这个用户进行两次操作，这就浪费了时间和精力。此外，重复数据还会导致分析失真。数据的唯一性确保了我们在处理数据时不会出现重复操作，也能保证数据分析的准确性。

2.1.6 有效性

数据有效性是指数据是否符合预定义的业务规则、格式或取值范围。简单来说，就是数据要"守规矩"。例如，手机号码应该是 11 位数字，身份证号码应该是 18 位数字，这些都是数据的格式规则。如果数据不符合这些规则，就被称为无效数据。在每年的校园招聘中，有些同学因电话号码填写错误，导致联系方式无效，而直接错过工作机会。

2.1.7 小结

数据质量是确保数据分析和决策可靠性的关键因素，对企业的运营效率、客户体验和竞争力有着深远的影响。因此，数据质量是企业数据战略的重要组成部分。

2.2 数据"脏乱差"五大顽疾定义及成因

78%的数据科学家表示，数据清洗工作会占用项目60%以上的时间。这并非夸张，而是数据处理中常见的难题。真实案例也屡见不鲜，某知名企业因为日期格式混乱，错失了亿元订单。这听起来似乎令人震惊，但也充分说明了数据"脏乱差"带来的危害是不可估量的。我们将数据"脏乱差"的问题归纳为五大顽疾，分别是数据的非结构化、异常值、格式混乱、重复数据和缺失值，如图2.2所示。

图2.2 五大顽疾

2.2.1 缺失值定义及成因

1. 缺失值定义

从技术角度来说，缺失值是指数据表中应该有数据的地方却出现了空白。缺失值可能表现为#N/A、空白单元格，或者是一些错误值。这些空白或错误的地方，表示数据没有被记录下来，或者记录的数据是无效的。

常见的缺失值有单元格显示为空和特殊占位符（NA、#N/A），如图2.3所示。

ID	姓名	年龄	性别	分数	调查日期
1	张三	25	男	85	2023/1/1
2	李四			90	2023/1/2
3	王五	30	NA	#N/A	2023/1/3

图2.3 常见的缺失值

2. 缺失值成因

缺失值的成因多种多样，整体来看表现在硬件故障、人为疏漏、系统限制和业务逻辑4个方面，如图2.4所示。

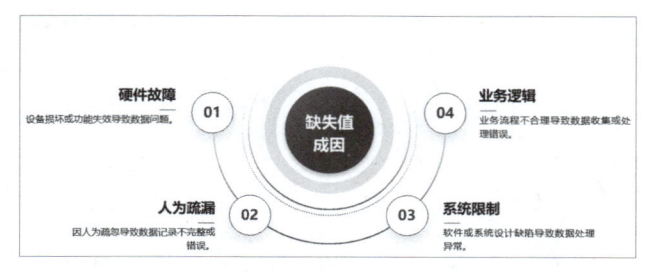

图2.4 缺失值成因

（1）硬件故障。硬件故障是指设备或系统的物理损坏或功能失效导致的问题。例如，快递扫码枪没电就是一个典型的硬件故障。快递员在扫描快递包裹时，如果扫码枪没电了，就无法读取包裹上的条形码，导致包裹无法被正确地分类和派送。这不仅会延误包裹的送达时间，还可能引起客户的不满和投诉。

硬件故障通常需要专业的技术支持来解决，如更换损坏的部件或修复网络连接。为了避免硬件故障带来的影响，定期的设备维护和检查是非常重要的。

（2）人为疏漏。人为疏漏是指人为因素导致的错误，如忘记填写某些信息或错误地输入数据。例如，调查问卷漏填生日就是一个典型的人为疏漏。当人们填写调查问卷时，可能会因为疏忽而遗漏某些必填项。这会导致数据收集不完整，影响后续的数据分析和决策。另外，在数据录入阶段，录入员没有注意到哪些字段是必填的，就可能跳过这些字段，导致数据记录不完整。

人为疏漏通常可以通过培训和监督来减少。例如，可以通过提供详细的指导和检查清单来帮助人们避免遗漏信息。此外，使用自动化工具来检查数据的完整性和准确性也是减少人为疏漏的有效方法。

（3）系统限制。系统限制是指由于软件或系统本身的设计限制导致的问题。例如，收银机不识别生僻字就是一个典型的系统限制问题。在处理客户信息时，如果客户的姓名中包含生僻字，而收银机的字库中没有这些字，那么收银机就无法正确显示或处理这些信息，这可能会导致交易失败或客户信息记录错误。另一个例子是将内容从 PDF 复制到 Excel 时格式丢失，这是因为 PDF 和 Excel 对格式的处理方式不同，导致在转换过程中出现了错误。

系统限制通常需要通过软件升级或系统优化来解决。例如，可以通过更新字库使收银机能够识别更多的字符，或者开发更强大的格式转换工具减少数据在不同软件间转换时的错误。

（4）业务逻辑。业务逻辑是指在业务操作过程中逻辑错误导致的问题。例如，未婚人士无须填写配偶信息就是一个典型的业务逻辑问题。在某些情况下，如果业务流程要求所有客户都必须填写配偶信息，那么对于未婚人士来说，这个要求就是不合理的。在保险业务中，如果系统要求所有客户都必须有一个保单号，那么对于未购买保险的客户来说，这个要求就是不合理的。

业务逻辑错误通常需要通过重新设计业务流程和规则来解决。例如，可以通过分析客户需求和业务目标来确定哪些信息是必需的，哪些是可选的。此外，使用自动化工具来检查和验证数据的合理性也是减少业务逻辑错误的重要方法。

2.2.2 重复数据定义及成因

1. 重复数据定义

从技术角度来看，重复数据表现为完全重复的行，或者部分重复的列。例如，在对数据进行操作时可能不小心多次复制粘贴了同一行数据，或者在不同的列中输入了相同的信息。这些重复的数据不仅浪费存储空间，还会导致数据分析结果的不准确。例如，在统计总销售额时，重复的数据会被多次计算，从而使得最终的统计结果远远高于实际值。

常见的重复数据有完全重复和部分重复两种，如图 2.5 和图 2.6 所示。

序号	订单号	客户名	产品	数量	下单日期	地址
1	1001	张三	笔记本电脑	1	2023/8/1	北京市朝阳区
2	1002	李四	手机	2	2023/8/1	上海市浦东新区
3	1003	王五	平板电脑	1	2023/8/2	广州市天河区
4	1001	张三	笔记本电脑	1	2023/8/1	北京市朝阳区
5	1004	李四	耳机	3	2023/8/3	上海市浦东新区
6	1005	赵六	鼠标	2	2023/8/3	深圳市南山区
7	1003	王五	平板电脑	1	2023/8/2	深圳市南山区

图 2.5　完全重复

序号	订单号	客户名	产品	数量	下单日期	地址
1	1001	张三	笔记本电脑	1	2023/8/1	北京市朝阳区
2	1002	李四	手机	2	2023/8/1	上海市浦东新区
3	1003	王五	平板电脑	1	2023/8/2	广州市天河区
4	1001	张三	笔记本电脑	1	2023/8/1	北京市朝阳区
5	1004	李四	耳机	3	2023/8/3	上海市浦东新区
6	1005	赵六	鼠标	2	2023/8/3	深圳市南山区
7	1003	王五	平板电脑	1	2023/8/2	深圳市南山区

图 2.6　部分重复

是否为重复数据的主要判断标准在唯一字段。如图 2.5 和图 2.6 所示，重要的唯一字段是订单号，因此，订单号重复则可以判断为重复数据。

2. 重复数据成因

重复数据成因如图 2.7 所示。

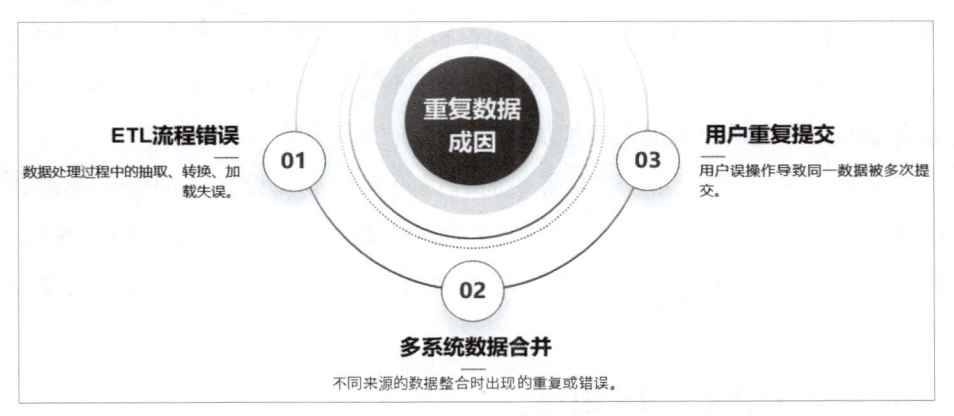

图 2.7　重复数据成因

（1）ETL 流程错误。ETL 流程错误是指在数据抽取（Extract）、转换（Transform）、加载（Load）过程中出现的问题。这个过程可以想象为从不同的水源抽取水，经过净化处理后，再存入一个大水池中供大家使用。如果在这个过程中出现如净化不彻底或者抽错了水源，那么最终存入水池的水可能就有问题。例如，电商订单因脚本重试生成重复记录，虚增销售额 15%。这就像是在统计一天的销售额时，因为系统错误，把同一笔订单计算了两次，导致最终的销售额虚高。这种情况在实际业务中非常常见，尤其在大促销期间，订单量激增，系统压力增大，更容易出现此类错误。这种错误不仅会影响公司对销售情况的判断，还可能导致库存管理、财务报表等方面的混乱。

ETL 流程错误通常需要通过优化数据处理脚本、加强数据质量监控等手段来解决。同时，定期对 ETL 流程进行审查和测试，确保数据处理的准确性和稳定性，也是预防此类错误的重要措施。

（2）多系统数据合并。多系统数据合并是指将来自不同系统的数据整合到一起。对于企业，尤其是那些采购了多套不同数据系统的企业来说，多系统数据合并是数据治理工程师不可避免的工作，需要通过建立统一的数据标准、加强系统间的协调和整合等手段来解决。同时，使用先进的数据合并工具和技术，也可以有效提高数据合并的准确性和效率。

（3）用户重复提交。用户重复提交是指用户在不知情或操作失误的情况下，多次提交了相同的数据。例如，在"双11"购物节期间，因为网络拥堵或者系统延迟，用户在提交支付信息后没有及时收到确认，于是多次尝试支付，结果同一笔订单被支付了三次。这种情况不仅会给用户带来困扰，还可能导致商家的财务记录出现混乱，增加退款和纠纷的风险。

用户重复提交的问题通常需要通过优化用户界面设计、加强系统的错误提示和处理机制等手段来解决。同时，提高系统的稳定性和响应速度，减少用户因等待时间过长而重复操作的情况，也是预防此类错误的重要措施。

2.2.3 异常值定义及成因

1. 异常值定义

从技术角度来看，异常值可能表现为数据中的一些明显错误，如用户数据的性别列出现了"未知"这样的选项，或者在数值型数据中出现了远远超出正常范围的极端值。在统计学中，箱线图（也称为盒须图）是一种用于识别数据分布和异常值的图形工具。

通常，箱线图通过展示数据的五个关键数值：最小值、第一四分位数（Q1）、中位数（Q2）、第三四分位数（Q3）和最大值来描述数据的分布情况。在箱线图中，异常值通常定义为小于 Q1−1.5×IQR（四分位距，即 Q3−Q1）或大于 Q3+1.5×IQR 的值。这些值被视为异常，因为它们落在了数据分布的"须"（whiskers）之外，表明它们与大多数数据点相比，显得极端或不寻常，如图 2.8 所示。

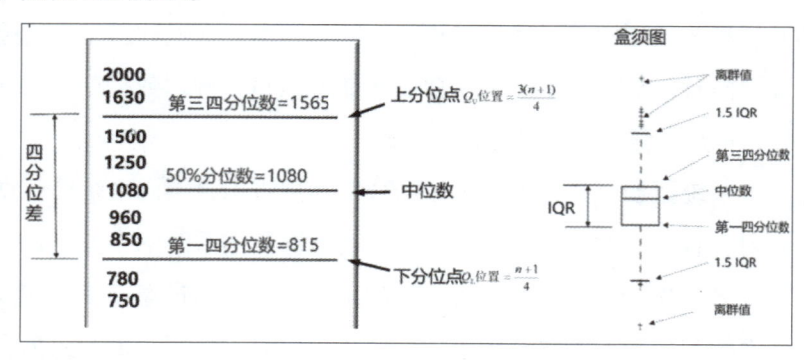

图 2.8 异常值

2. 异常值成因

异常值成因如图 2.9 所示。

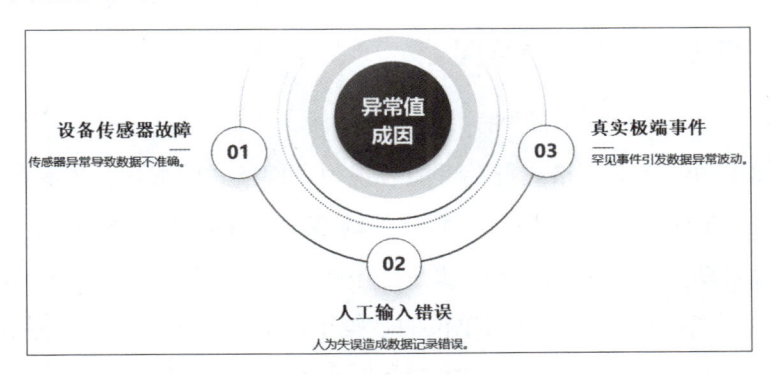

图 2.9　异常值成因

（1）设备传感器故障。设备传感器故障可能会导致数据完全不可信，如体重秤突然坏了，显示了一个完全不可能的数字，如 -20kg。这种情况在工业环境中也很常见，如一个工业温度传感器突然显示 -100℃，而实际上那个环境的温度不可能那么低。这种故障的发生概率是 48%，意味着在所有数据问题中，几乎有一半是由传感器故障引起的。

为了避免这些问题，需要定期校准和维护传感器，确保它们始终处于良好的工作状态。此外，使用冗余系统，即多个传感器同时监测同一参数，也可以提高数据的可靠性。如果一个传感器出现故障，其他传感器的数据可以用来验证和纠正错误。

（2）人工输入错误。人工输入错误就像是收银员在结账时不小心多按了一个 0，把 19.99 元的商品价格输入成了 190.99 元。这种错误虽然看起来小，但后果可能很严重，尤其在大量交易的情况下。人工输入错误的发生概率是 37%，意味着在所有数据问题中，有超过三分之一是由人为操作不当引起的。

（3）真实极端事件。真实极端事件是指那些虽然发生概率很低，但一旦发生就会对数据产生巨大影响的情况。例如，百年一遇的暴雨导致气象记录显示极端的降雨量，或者某个商品因为网红推荐而销量突然激增 1000 倍。这种极端事件的发生概率是 15%，虽然不高，但一旦发生，其影响是深远的。

处理这类极端事件需要对数据进行深入分析，区分哪些是真实的极端事件，哪些可能是数据错误。此外，建立灵活的数据处理流程，以便在遇到极端情况时能够快速调整和响应，也是非常重要的。通过这些方法，可以确保即使在面对极端事件时，数据的分析和利用仍然是准确和有效的。

2.2.4 格式混乱定义及成因

1. 格式混乱定义

从技术角度来看，格式混乱可能表现为日期格式的混用，如有的单元格使用的是 YYYY/MM/DD 格式，而有的则是 MM-DD-YYYY 格式。这会导致在处理日期数据时出现错误，如在排序或计算时无法正确识别日期。同样的问题也可能出现在使用不同单位的数据中，如重量单位混杂，使用 kg 和"磅"，这在进行单位换算或比较时会带来麻烦。

如图 2.10 所示，日期列共有三种格式，分别为 YYYY/MM/DD、YYYY.MM.DD 和 YYYYMMDD，其中第一种为日期格式，另外两种则为文本格式。

另外，体重列的单位不统一，kg、lbs 和无单位混写，造成体重的实际单位无法判断。

ID	日期	体重
1	2023/8/1	50kg
2	2023.08.03	110lbs
3	20230803	60

图 2.10　格式和单位不统一

2. 格式混乱成因

格式混乱成因如图 2.11 所示。

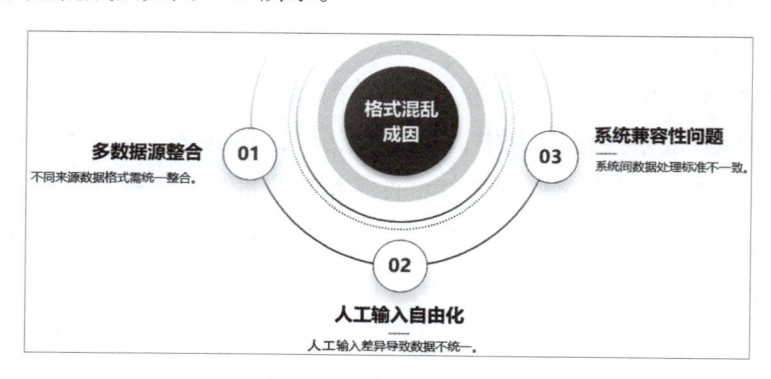

图 2.11　格式混乱成因

（1）多数据源整合。多数据源整合问题，就像是尝试将不同国家的人写的日记合并成一本，但每个人的日期格式都不一样。例如，美国人可能会写 07/04/2023，而欧洲人可能会写 04/07/2023。如果一个国际公司在全球范围内收集销售数据，每个国家的团队都使用自己习惯的日期格式，则会造成该集团内部数据混乱。

为了解决这个问题，公司需要建立一个统一的数据标准，比如规定所有数据都必须使用国际标准日期格式（YYYY-MM-DD）。此外，使用数据整合工具来自动识别和转换不同格式的数据，也是确保数据准确性的有效方法。

（2）人工输入自由化。例如，让人们自由地描述同一个地点，有人可能会写"北京市海淀区"，而另一个人可能会写"Haidian District, Beijing"。在实际工作中，这种不一致性可能会导致很多问题。

为了减少这种不一致性，公司可以制定统一的数据输入规范，如规定所有地址都必须使用特定的格式和语言。此外，使用自动化工具来校验和标准化输入的数据，也可以帮助确保数据的一致性。

（3）系统兼容性问题。例如，当尝试将一个包含欧元符号（€）的 CSV 文件导入 Excel 时，可能会出现乱码。在全球化的商业环境中，这种兼容性问题尤其常见。例如，一个跨国公司可能需要处理来自不同国家和地区的数据，这些数据可能包含各种特殊字符或符号。如果公司的系统无法正确处理这些字符，就可能导致数据丢失或错误。

为了解决这个问题，公司需要确保所有系统都具备良好的兼容性，能够处理各种特殊字符和符号。此外，使用数据转换工具来在不同系统之间传输数据时进行必要的格式转换，也是确保数据完整性的重要措施。通过这些方法，可以大大提高数据的准确性和可靠性。

2.2.5 不一致性定义及成因

1. 不一致性定义

从技术角度来看，数据不一致性主要体现在以下两个方面。

（1）数据同一实体采用多种表示，如"北京""北京市""BJ"。

（2）逻辑矛盾，如用户年龄18岁但工作状态为"退休"；某条记录显示订单已发货，而另一条记录显示订单未发货等，如图 2.12 所示。

数据不一致性是数据质量问题的一个重要方面，直接影响数据的准确性和可用性，造成数据整合困难，数据分析结果自相矛盾。

用户ID	姓名	性别	城市	年龄	工作状态
1000012	张三	F	BJ	18	退休
1000013	李四	男	北京	20	失业
1000014	王五	女	bj	23	在职

图 2.12　数据不一致

2. 不一致性成因

数据不一致性成因如图 2.13 所示。

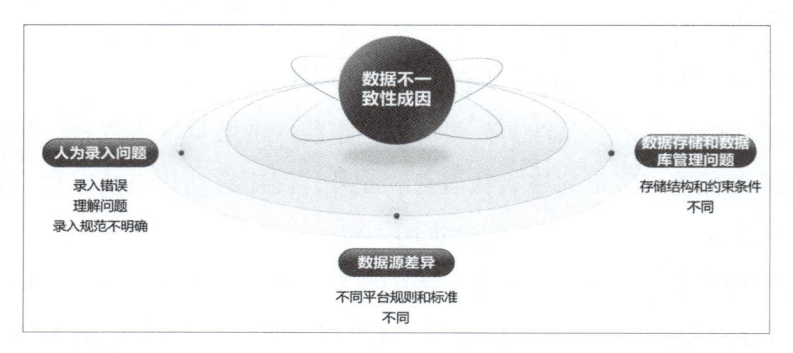

图 2.13　数据不一致性成因

（1）人为录入问题。数据录入错误是数据不一致性的一个常见原因，主要表现在以下几个方面：首先，操作人员在录入数据时可能会出现拼写错误、格式错误或数据录入不完整；其次，不同人员对同一数据项的理解不同，也会导致录入的数据不一致；此外，缺乏统一的录入规范和流程，使得数据录入具有随意性，进一步加剧了数据不一致性。例如，日期格式可能在不同记录中分别为 YYYY-MM-DD 和 MM/DD/YYYY，性别可能在不同记录中分别表示为"男 / 女"和 M/F。这些问题不仅影响数据的质量，还可能导致后续分析和决策的偏差。因此，建立标准化的数据录入流程和规范，对提高数据质量至关重要。

（2）数据源差异。数据源差异是导致数据不一致性的另一个常见原因。不同系统或平台可能遵循不同的数据生成规则和标准，这可能导致数据格式和内容的不一致。此外，数据录入方式的差异，如人工录入、自动采集和接口传输，也可能导致数据格式和内容的不同。最后，不同数据源的更新频率和时间不同，可能导致数据不同步，从而加剧数据的不一致性。例如，一个系统可能每天更新数据，而另一个系统可能每周更新一次，这种更新频率的差异可能导致数据在不同系统之间不一致。为了减少这些问题，建立统一的数据管理和同步机制至关重要。

（3）数据存储和数据库管理问题。不同数据库的存储结构和约束条件存在差异，可能会导致数据在存储和检索过程中出现不一致。此外，数据库中缺乏有效的完整性约束（如主键、外键约束）会使得数据完整性难以保证，从而引发数据不一致的问题。同时，数据备份和恢复过程中可能出现的错误，如备份文件损坏或恢复操作失败，也可能导致数据丢失或损坏，进而加剧数据不一致性。因此，建立统一的数据存储结构、加强数据完整性约束及优化备份恢复机制，对于确保数据的一致性和可靠性至关重要。

2.2.6 小结

在数字化时代，数据已经成为企业决策、业务创新和竞争力提升的核心资源。然而，数据的"脏乱差"问题却成为阻碍数据价值释放的主要障碍。数据质量问题不是单一因素造成的，其表现出来的数据不准确、不完整、不一致、重复和不及时等方面的问题也不止于此。数据质量问题不仅影响数据的可用性和可靠性，还可能导致决策失误、分析偏差、资源浪费、客户体验下降以及合规风险。

为了获得高质量的数据，企业需要建立严格的数据质量管理机制，从数据的采集、存储、处理到分析的每个环节，都要进行严格的质量控制。这包括采用先进的数据清洗、数据整合和数据验证技术，以及建立数据质量监控体系，设定数据质量指标和阈值，通过数据质量工具对数据进行定期检查和监控。此外，加强数据质量意识培训，提高员工对数据质量重要性的认识，也是确保数据质量的关键措施之一。

总之，识别数据质量问题、制定合适的数据处理方法和流程，从而获得高质量的数据，是数据分析和挖掘的基础，也是确保数据驱动决策有效性的关键。

2.3 数据质量诊断

数据质量诊断是指通过一系列系统化的指标和技术手段，对数据的完整性、准确性、一致性、时效性、唯一性和有效性等方面进行评估和分析，以识别数据中的问题和潜在风险。这一过程通常包括数据清洗、数据质量评估和数据质量监控等步骤。

数据检查是数据清洗的前提，也是发现数据质量问题的重要手段。在传统数据检查的手段主要依靠自动化工具或人工审查，并对数据质量问题进行分类，本节在传统诊断的基础上增加 DeepSeek 辅助诊断。

2.3.1 使用 DeepSeek 诊断数据质量问题

现有"销售人员业绩"数据源，如图 2.14 所示。此数据中存在空白行（序号 10）、缺失值（序号 5 中的"实际完成"）、异常值（序号 13 的完成率为 652.12%），另外还存在错误值（序号 5 和序号 10 的"评级"列）。下面介绍使用 DeepSeek 诊断数据质量问题的步骤。

序号	销售经理	年度目标	实际完成	完成率	评级
1	100032	36951	31366	84.89%	B
2	100031	32569	24377	74.85%	C
3	100029	32030	32163	100.42%	A
4	100028	30070	25634	85.25%	B
5	100027	28295		0.00%	C
6	100033	26894	32176	119.64%	A
7	100030	24734	32395	130.97%	S
8	100030	24734	32395	130.97%	S
9	100023	24550	32163	131.01%	S
10					C
11	100034	22343	24380	109.12%	A
12	100024	18793	24378	129.72%	S
13	100025	17743	115705	652.12%	S
14	100026	17054	17442	102.28%	A
—	合计	336760	398940	118.46%	A

图 2.14　销售人员业绩表

（1）在 DeepSeek 官网复制粘贴以上数据源，或者上传 Excel 文件。图 2.15 所示为粘贴数据到对话框中，并选中"深度思考（R1）"开始推理模式，此处不要选择"联网思考"。

第 2 章　数据清洗

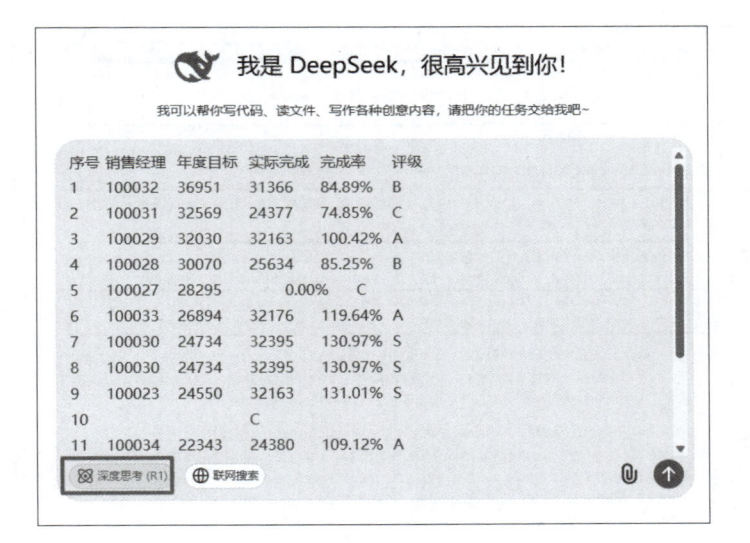

图 2.15　粘贴数据

（2）输入提示词"请基于以上数据，帮我找到异常数据，并给出行号及异常理由"，如图 2.16 所示。

图 2.16　输入提示词

（3）DeepSeek 开启推理模式。在推理过程中可以明确看出，DeepSeek 已经找到了异常数据，如图 2.17 所示。

> 首先检查是否有重复的销售经理。例如，序号3和序号6的销售经理不同，但序号7和8都是100030，而且数据完全一样，实际完成都是32395，完成率130.97%，评级S。这可能是一个重复录入的错误，因为同一销售经理同一年度目标、实际完成不可能完全相同，除非是同一人有两个不同的目标，但可能性较低，所以可能重复输入了。这是异常点之一，行号7和8。
>
> 接下来看序号5，销售经理100027，实际完成是空值，完成率0.00%，评级C。这里明显实际完成数据缺失，导致完成率为0，但可能该销售经理还没有完成销售，或者数据未填写，属于异常数据，行号5。
>
> 序号10，销售经理、年度目标、实际完成都是空的，完成率也没有，评级是C。这一行几乎全为空，只有序号和评级，明显是数据录入错误或遗漏，行号10。
>
> 然后检查完成率的计算是否正确。完成率通常是实际完成除以年度目标乘以100%。例如序号1，实际完成31366，目标36951，计算31366/36951≈0.8489，即84.89%，正确。但序号13，销售经理100025，年度目标17743，实际完成115705，完成率652.12%，计算115705/17743≈6.521，即652.1%，这个数字非常高，可能实际完成数据输入错误，比如多了一个零，或者实际是11570.5，但这里显示整数，所以可能输入错误，导致异常高的完成率，行号13。
>
> 另外，序号9，销售经理100023，完成率131.01%，评级S。而序号7、8的完成率130.97%，同样是S。但序号12的完成率129.72%也是S，这可能要看评级标准是否一致。不过如果S是最高评级，那这些可能没问题，但需要确认完成率是否合理，不过数据本身可能没问题，所以这里可能不算异常，除非评级标准与完成率不符。
>
> 再看合计行，年度目标总是398940，实际完成398940，合计完成率118.46%。计算是否正确：398940/336760≈1.1846，即118.46%，正确。但合计的评级是A，而整个团队的总完成率超过100%，可能应该评级更高，但合计行的评级可能不需要，或者可能有其他标准，但合计行的评级本身可能没有意义，所以可能算异常，但用户可能关注的是数据问题，所以合计行可能不需要处理，但用户提到要检查，所以可能指出合计行的评级是否正确，但可能不算异常，或者需要用户确认标准。
>
> 此外，序号3和序号6的完成率超过100%，评级A，而序号7、8、9、12、13的完成率更高，评级S，这符合通常评级标准，所以这部分可能没问题。
>
> 序号10除了空数据外，评级为C，但其他空数据的情况下评级可能不应该存在，所以归属于异常。
>
> 总结可能的异常点：

图 2.17　DeepSeek 推理过程

（4）DeepSeek 输出异常值检测结果，如图 2.18 所示。

> 根据数据分析，以下为异常数据行号及理由：
>
> 1. **行号7 & 8**
>   **异常理由**：销售经理 100030 的数据完全重复，可能是重复录入错误。
>
> 2. **行号5**
>   **异常理由**：销售经理 100027 的"实际完成"为空值，导致完成率为 0.00%，数据缺失或未更新。
>
> 3. **行号10**
>   **异常理由**：整行数据缺失（仅序号和评级列有值），可能是无效行或录入遗漏。
>
> 4. **行号13**
>   **异常理由**：销售经理 100025 的"实际完成"为 115,705，完成率高达 652.12%，明显超出合理范围，疑似数据单位错误（如多输入了一个零）。
>
> 5. **合计行（最后一行）**
>   **异常理由**：合计行的"评级"为 A，但整体完成率为 118.46%，若评级规则一致，应高于部分个体的 S 评级，可能存在逻辑矛盾。
>
> **建议**：
> - 检查行7、8是否为重复数据并去重；
> - 补充行5的实际完成数据或标记为特殊原因；
> - 删除行10的无效空行；
> - 核实行13的实际完成值是否准确（如是否为 11,570）；
> - 调整合计行的评级规则或忽略评级（合计行评级通常无意义）。

图 2.18　输出异常值检测结果

（5）进一步要求 DeepSeek 以表格的形式输出异常值问题。输入提示词"请帮我将以上问题整理成表格的形式，并输出"，如图 2.19 所示。

第 2 章 数据清洗

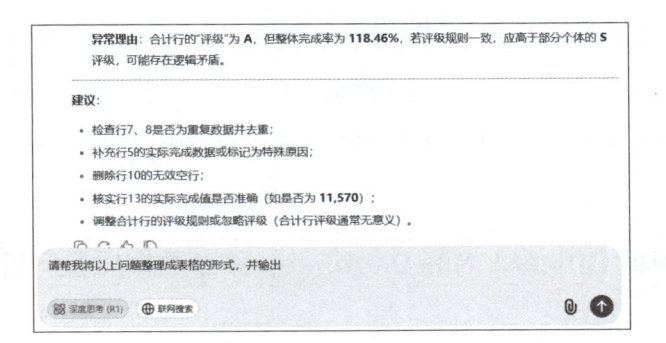

图 2.19 再次输入提示词

（6）DeepSeek 以表格的形式输出异常值问题，结果如图 2.20 所示。

图 2.20 异常值问题表格形式输出结果

（7）继续要求 DeepSeek 整理异常值分类，并放在第二列。输入提示词"请添加异常值分类，并放在第二列"，如图 2.21 所示。

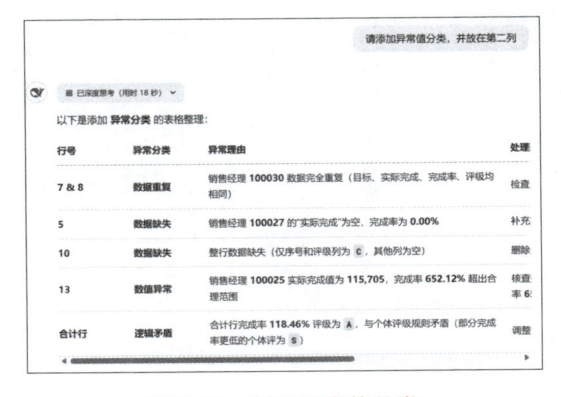

图 2.21 添加异常值分类

助学答疑

045

零基础玩转 DeepSeek：秒懂数据分析

DeepSeek 给出的处理建议需要再次识别，如第 13 行，需要我们再次判断以后才能录入数据，不能直接修改数据；"合计"行是整个销售人员业绩的总结，通常无须评级。因此，有时 DeepSeek 给出的建议也不是很适用，这里需要仔细甄别。

2.3.2 使用 OfficeAI 内嵌 DeepSeek 诊断数据质量问题

1. 诊断缺失值

（1）在"销售人员业绩"表中启动"OfficeAI 助手"右侧面板。在对话框中输入提示词"基于 [销售人员业绩] 表中的数据，将数据区域 A1:F16 中的空白单元格填充为灰色"，如图 2.22 所示。

（2）推理过程如图 2.23 所示。

图 2.22　输入提示词　　　　图 2.23　推理过程

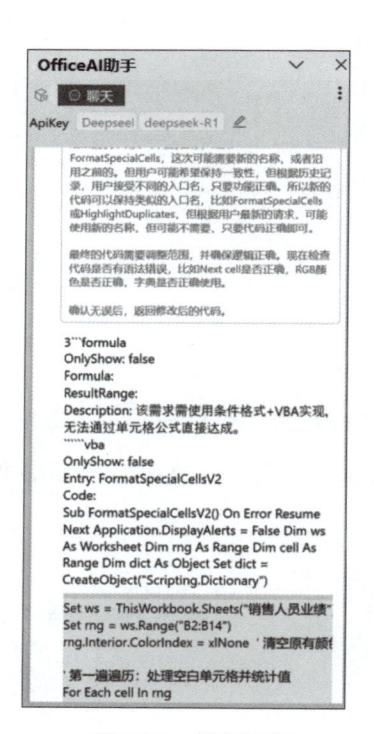

（3）缺失值填充结果如图 2.24 所示。

第 2 章 数据清洗

序号	销售经理	年度目标	实际完成	完成率	评级
1	100032	36951	31366	84.89%	B
2	100031	32569	24377	74.85%	C
3	100029	32230	32163	100.42%	A
4	100028	30070	25634	85.25%	B
5	100027	28295		0.00%	C
6	100033	26894	32176	119.64%	A
7	100030	24734	32395	130.97%	S
8	100030	24734	32395	130.97%	S
9	100023	24550	32163	131.01%	S
10				#DIV/0!	#DIV/0!
11	100034	22343	24380	109.12%	A
12	100024	18793	24378	129.72%	S
13	100025	17743	115705	652.12%	S
14	100026	17054	17442	102.28%	A
-	合计	336760	424574	126.08%	S

图 2.24　缺失值填充结果

2. 诊断重复值

（1）在"销售人员业绩"表中启动"OfficeAI 助手"右侧面板。在对话框中输入提示词"基于 [销售人员业绩] 表中的数据，将数据区域 B1:B16 中的重复单元格填充为黄色；如果单元格已有其他颜色，不进行覆盖"，如图 2.25 所示。

（2）推理过程如图 2.26 所示。

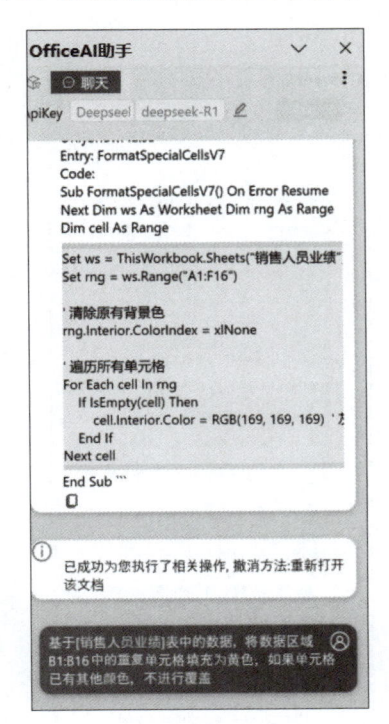

图 2.25　输入提示词　　　　图 2.26　推理过程

047

零基础玩转 DeepSeek：秒懂数据分析

（3）重复值填充结果如图 2.27 所示。

序号	销售经理	年度目标	实际完成	完成率	评级
1	100032	36951	31366	84.89%	B
2	100031	32569	24377	74.85%	C
3	100029	32030	32163	100.42%	A
4	100028	30070	25634	85.25%	B
5	100027	28295		0.00%	C
6	100023	26894	32176	119.64%	S
7	100030	24734	32395	130.97%	S
8	100030	24734	32395	130.97%	S
9	100023	24550	32163	131.01%	S
10				#DIV/0!	#DIV/0!
11	100034	22343	24380	109.12%	A
12	100024	18793	24378	129.72%	S
13	100025	17743	115705	652.12%	S
14	100026	17054	17442	102.28%	A
—	合计	336760	424574	126.08%	S

图 2.27　重复值填充结果

3. 诊断错误值

（1）在对话框中继续输入提示词"基于 [销售人员业绩] 表中的数据，将数据区域 E1:E16 中的数据错误值填充为红色；如果已经有其他填充色，不进行覆盖"，如图 2.28 所示。

（2）推理过程如图 2.29 所示。

图 2.28　输入提示词　　　　图 2.29　推理过程

048

（3）错误值填充结果如图 2.30 所示。

序号	销售经理	年度目标	实际完成	完成率	评级
1	100032	36951	31366	84.89%	B
2	100031	32569	24377	74.85%	C
3	100029	32030	32163	100.42%	A
4	100028	30070	25634	85.25%	B
5	100027	28295		0.00%	C
6	100033	26894	32176	119.64%	A
7	100030	24734	32395	130.97%	S
8	100030	24734	32395	130.97%	S
9	100023	24550	32163	131.01%	S
10				#DIV/0!	#DIV/0!
11	100034	22343	24380	109.12%	A
12	100024	18793	24378	129.72%	S
13	100025	17743	115705	652.12%	S
14	100026	17054	17442	102.28%	A
-	合计	336760	424574	126.08%	S

图 2.30　错误值填充结果

4. 诊断异常值

（1）在对话框中继续输入提示词"基于 [销售人员业绩] 表中的 E1:E16 数据，如果数据大于 200% 填充为橘黄色，小于 30% 填充为绿色。如果已经有填充色，不进行覆盖"，如图 2.31 所示。

（2）推理过程如图 2.32 所示。

图 2.31　输入提示词　　　图 2.32　推理过程

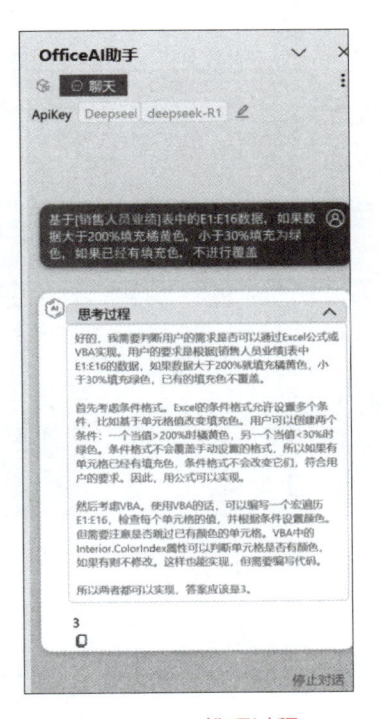

（3）异常值填充结果如图2.33所示。

序号	销售经理	年度目标	实际完成	完成率	评级
1	100032	36951	31366	84.89%	B
2	100031	32569	24377	74.85%	C
3	100029	32030	32163	100.42%	A
4	100028	30070	25634	85.25%	B
5	100027	28295		0.00%	C
6	100033	26894	32176	119.64%	A
7	100030	24734	32395	130.97%	S
8	100030	24734	32395	130.97%	S
9	100023	24550	32163	131.01%	S
10				#DIV/0!	#DIV/0!
11	100034	22343	24380	109.12%	A
12	100024	18793	24378	129.72%	S
13	100025	17743	115705	652.12%	S
14	100026	17054	17442	102.28%	A
—	合计	336760	424574	126.08%	S

图2.33　异常值填充结果

当有多个内容需要判定时，建议使用OfficeAI分步操作。

2.3.3　人工诊断

1. 诊断缺失值

（1）在"销售人员业绩"表中，选中A1:F16数据区域，选择"开始"→"条件格式"→"新建规则"选项，如图2.34所示。

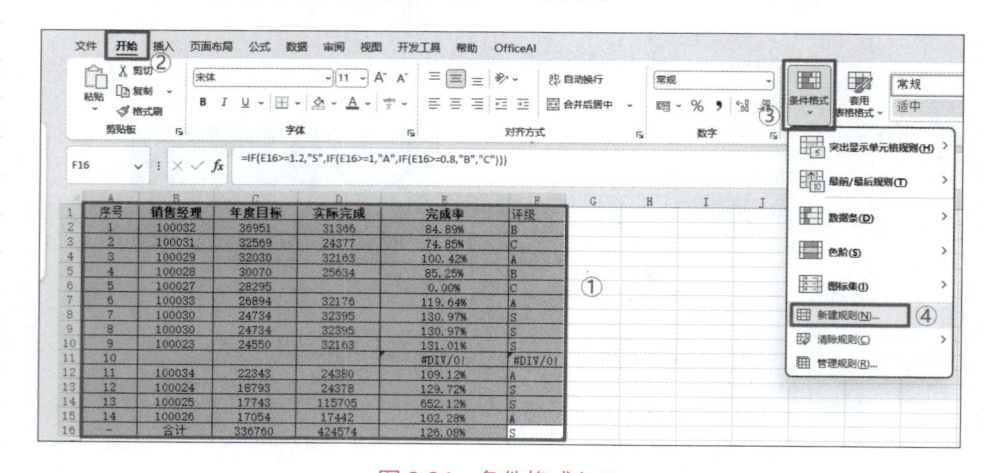

图2.34　条件格式入口

（2）设定条件格式，选择"只为包含以下内容的单元格设置格式"→"单元格值"→"空值"，如图2.35所示。

第 2 章　数据清洗

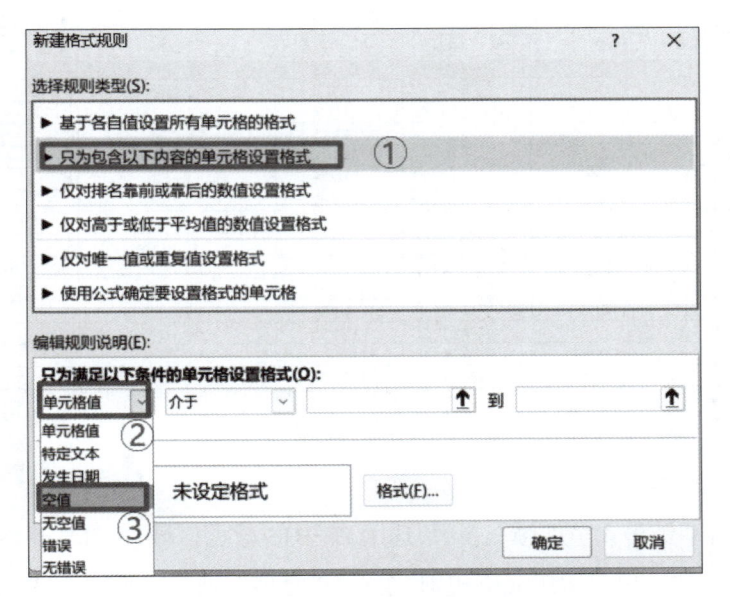

图 2.35　设定条件格式

（3）单击"格式"按钮，打开"设置单元格格式"对话框。切换到"填充"选项卡，选择一种颜色进行填充，如图 2.36 所示。

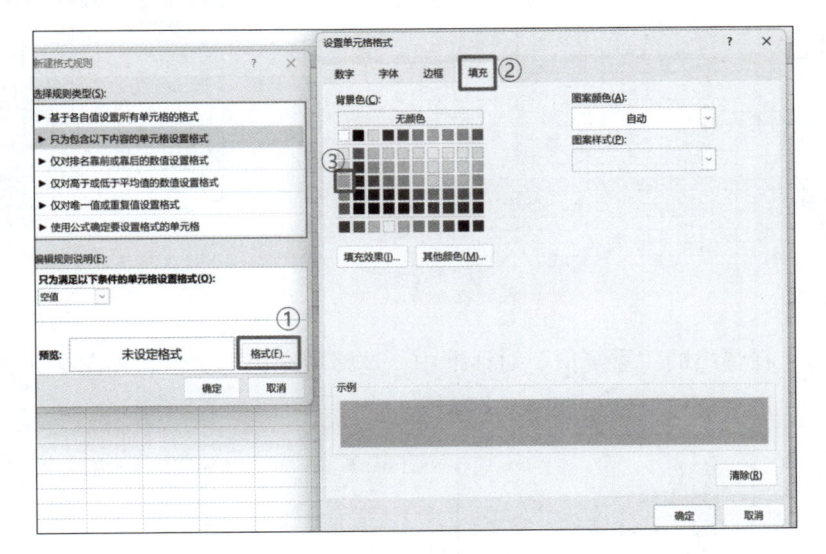

图 2.36　设置填充色

（4）缺失值填充结果如图 2.37 所示。

051

序号	销售经理	年度目标	实际完成	完成率	评级
1	100032	36951	31366	84.89%	B
2	100031	32569	24377	74.85%	C
3	100029	32030	32163	100.42%	A
4	100028	30070	25634	85.25%	B
5	100027	28295		0.00%	C
6	100033	26894	32176	119.64%	A
7	100030	24734	32395	130.97%	S
8	100030	24734	32395	130.97%	S
9	100023	24550	32163	131.01%	S
10				#DIV/0!	#DIV/0!
11	100034	22343	24380	109.12%	A
12	100024	18793	24378	129.72%	S
13	100025	17743	115705	652.12%	S
14	100026	17054	17442	102.28%	A
-	合计	336760	424574	126.08%	S

图 2.37　缺失值填充结果

2. 诊断重复值

（1）在"销售人员业绩"表中，选中 B1:B15 数据区域，选择"开始"→"条件格式"→"突出显示单元格规则"→"重复值"选项，如图 2.38 所示。

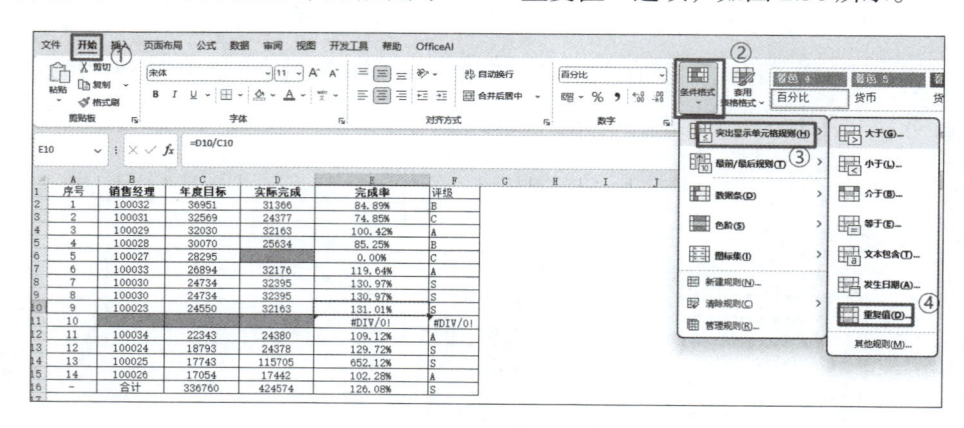

图 2.38　选择合适的显示规则

（2）在弹出的"重复值"对话框中，选择填充色为黄色，如图 2.39 所示。

（3）重复值填充结果如图 2.40 所示。

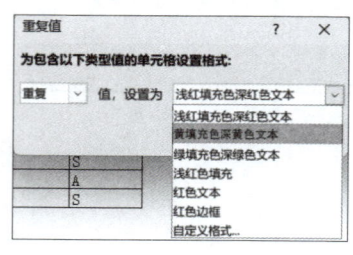

图 2.39　选择合适的填充色

图 2.40　重复值填充结果

3. 诊断错误值

（1）在"销售人员业绩"表中，选中 A1:F16 数据区域，选择"开始"→"条件格式"→"新建规则"选项，如图 2.41 所示。

图 2.41　条件格式入口

（2）设定条件格式，选择"只为包含以下内容的单元格设置格式"→"单元格值"→"错误"选项，如图 2.42 所示。

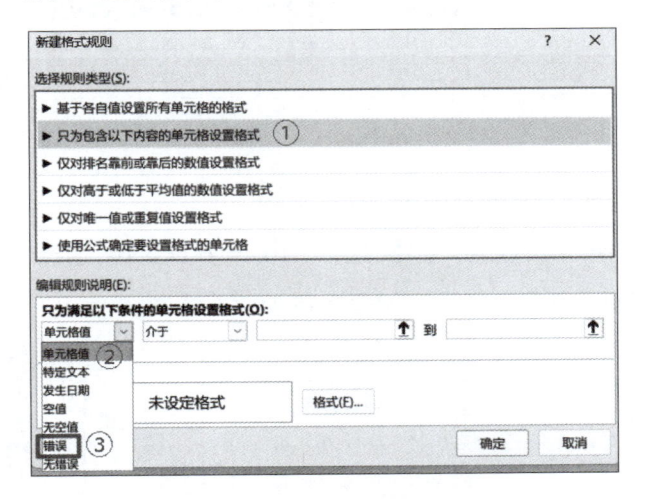

图 2.42　设定条件格式

（3）单击"格式"按钮，打开"设置单元格格式"对话框。切换到"填充"选项卡，选择一种颜色进行填充，如图 2.43 所示。

（4）错误值填充结果如图 2.44 所示。

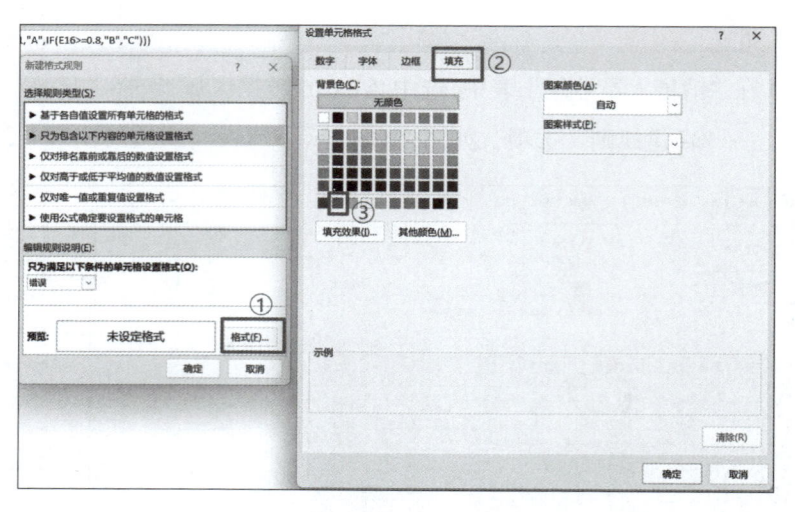

图 2.43　选择合适的填充色

图 2.44　错误值填充结果

4. 诊断异常值

（1）在"销售人员业绩"表中，选中 E1:E16 数据区域，选择"开始"→"条件格式"→"新建规则"选项，如图 2.45 所示。

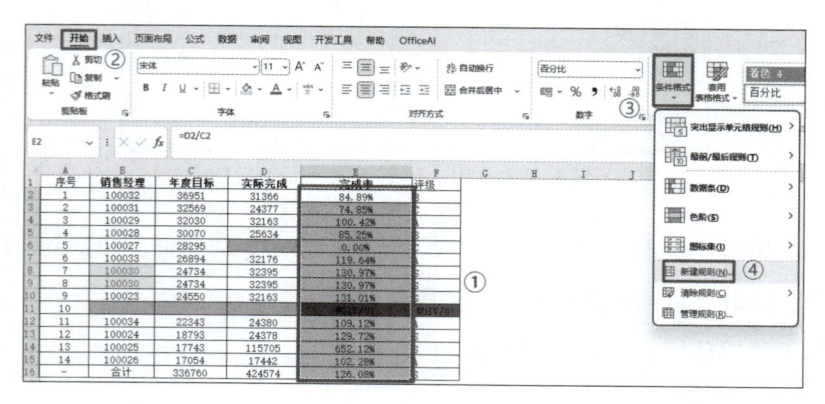

图 2.45　条件格式入口

（2）设定条件格式，选择"只为包含以下内容的单元格设置格式"，设置单元格值大于或等于2，如图2.46所示。

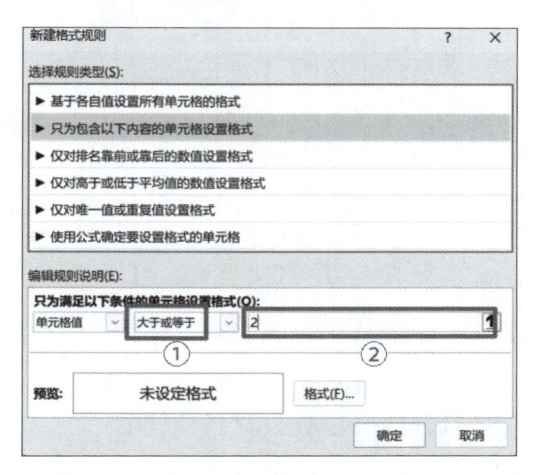

图2.46　设置单元格值大于或等于2

（3）单击"格式"按钮，打开"设置单元格格式"对话框。切换到"填充"选项卡，选择一种颜色进行填充，如图2.47所示。

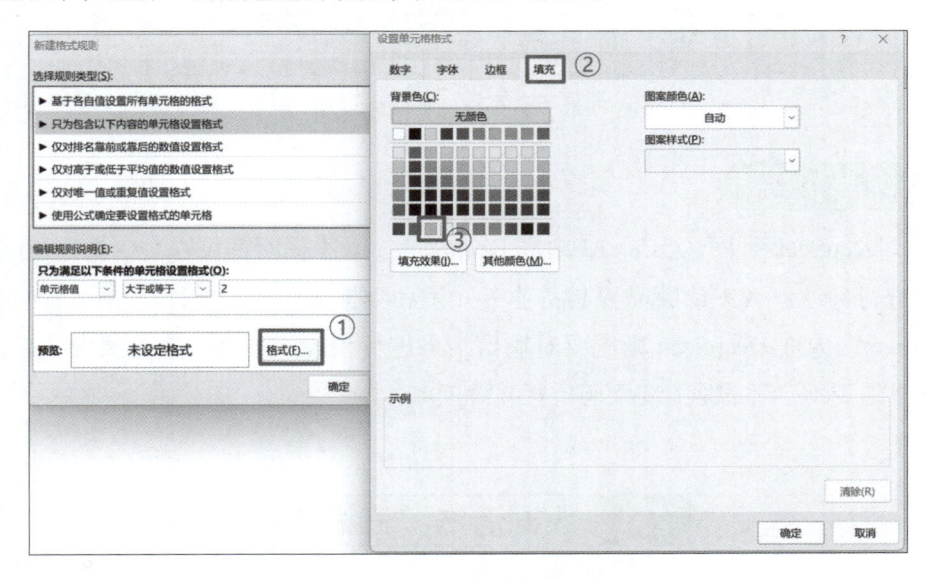

图2.47　选择错误值填充色

（4）异常值填充结果如图2.48所示。

序号	销售经理	年度目标	实际完成	完成率	评级
1	100032	36951	31366	84.89%	B
2	100031	32569	24377	74.85%	C
3	100029	32030	32163	100.42%	A
4	100028	30070	25634	85.25%	B
5	100027	28295		0.00%	C
6	100033	26894	32176	119.64%	A
7	100030	24734	32395	130.97%	S
8	100030	24734	32395	130.97%	S
9	100023	24550	32163	131.01%	A
10				#DIV/0!	#DIV/0!
11	100034	22343	24380	109.12%	A
12	100024	18793	24378	129.72%	S
13	100025	17743	115705	652.12%	S
14	100026	17054	17442	102.28%	A
-	合计	336760	424574	126.08%	S

图 2.48　异常值填充结果（1）

（5）同样的步骤，将完成率小于 30% 的单元格填充为绿色，如图 2.49 所示。

序号	销售经理	年度目标	实际完成	完成率	评级
1	100032	36951	31366	84.89%	B
2	100031	32569	24377	74.85%	C
3	100029	32030	32163	100.42%	A
4	100028	30070	25634	85.25%	B
5	100027	28295		0.00%	C
6	100033	26894	32176	119.64%	A
7	100030	24734	32395	130.97%	S
8	100030	24734	32395	130.97%	S
9	100023	24550	32163	131.01%	A
10				#DIV/0!	#DIV/0!
11	100034	22343	24380	109.12%	A
12	100024	18793	24378	129.72%	S
13	100025	17743	115705	652.12%	S
14	100026	17054	17442	102.28%	A
-	合计	336760	424574	126.08%	S

图 2.49　异常值填充结果（2）

2.3.4　小结

　　DeepSeek 官网、OfficeAI 内嵌 DeepSeek、人工诊断都可以对数据质量问题进行标注。人工诊断需要具备业务知识和数据分析能力，DeepSeek 官网、OfficeAI 内嵌 DeepSeek 则需要对输出结果进行校验，不可一味地照搬结果，如果遇到不合理的地方要大胆质疑并矫正。

2.4　数据清洗"三板斧"

　　数据清洗是数据处理的重要组成部分，直接影响数据分析结果的可靠性。通过清洗，可以确保数据的准确性、完整性和一致性，为后续的分析和建模提供坚实的基础。无论是商业决策、科学研究还是机器学习，数据清洗都是不可或缺的重要环节。

在 2.3 节中，我们学会了如何进行数据质量的诊断，本节将针对如何清洗有问题的数据展开讨论。

常见的数据质量问题及处理方法见表 2.1。

表 2.1 常见的数据质量问题及处理方法

数 据 问 题	检 测 方 法	处 理 方 法
缺失值	– 检查空值 – 统计缺失值比例	– 删除： · 删除行（缺失值比例高） · 删除列（特征不重要） – 填充： · 数值型：平均数、中位数、众数 · 分类数据：众数
重复数据	– 使用唯一键或组合键 – 检查重复记录	删除重复记录，保留唯一值
异常值	统计方法：Z 分数、IQR 方法	– 删除：异常值是错误的 – 替换：平均数、中位数、边界
空白值	检查空单元格或空字符串	– 删除：空白值比例高时删除记录或特征 – 填充：平均数、中位数、众数或"未知"类别
数据不一致	– 检查数据格式一致性 – 比较同一数据项在不同记录中的值	– 统一格式：统一数据格式，如日期格式统一为 YYYY–MM–DD – 标准化编码：统一分类变量的编码，如"男"和"女"统一为 0 和 1 – 数据清洗：删除或修正不一致的记录

综上，数据清洗常见的方法主要有删除、填充和替换，而标准化编码则是在数据产生之前制定规则，确保录入的数据符合要求。这里，我们把数据清洗中的删除、填充和替换通称为数据清洗"三板斧"。

在 2.3 节中已经对数据质量问题进行了诊断，我们也清晰了解了当前数据中存在的问题。针对上述问题，我们将利用 DeepSeek、OfficeAI 内嵌 DeepSeek、Excel 分别开展数据清洗。

2.4.1 使用 DeepSeek 进行数据清洗

回顾数据质量检测结果，如图 2.50 所示。

行号	异常分类	异常理由	处理建议
7 & 8	数据重复	销售经理 100030 数据完全重复（目标、实际完成、完成率、评级均相同）	检查是否为重复录入，保留一条数据，删除重复行
5	数据缺失	销售经理 100027 的"实际完成"为空，完成率为 0.00%	补充实际完成数据，或标注未完成原因（如离职、项目取消等）
10	数据缺失	整行数据缺失（仅序号和评级列为 C，其他列为空）	删除无效空行，或补充完整数据
13	数值异常	销售经理 100025 实际完成值为 115,705，完成率 652.12% 超出合理范围	核查数据准确性（疑似多输入了一个零，正确值可能为 11,570，完成率 65.21%）
合计行	逻辑矛盾	合计行完成率 118.46% 评级为 A，与个体评级规则矛盾（部分完成率更低的个体评为 S）	调整评级逻辑（合计行通常不参与评级），或统一规则

图 2.50 数据质量检测结果

1. 删除重复数据

（1）输入提示词"对重复数据进行清洗，保留第 7 行，删除其他行"，如图 2.51 所示。输出结果如图 2.52 所示。

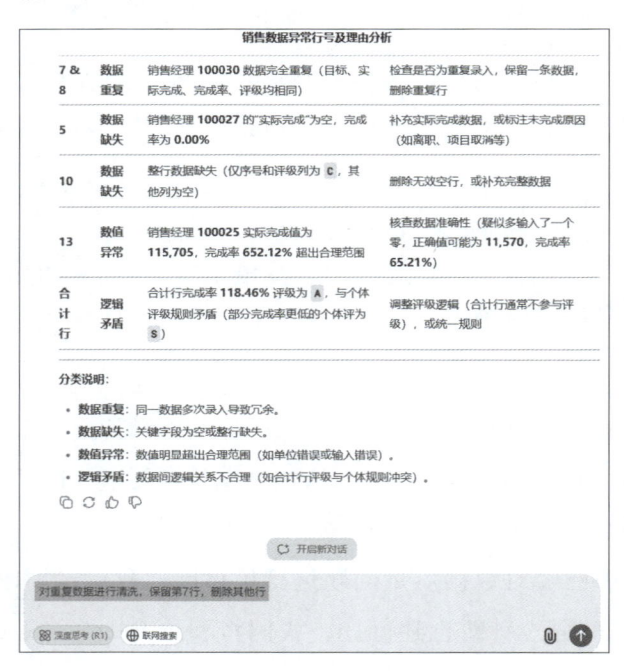

图 2.51 输入提示词

序号	销售经理	年度目标	实际完成	完成率	评级	备注
1	100032	36951	31366	84.89%	B	
2	100031	32569	24377	74.85%	C	
3	100029	32030	32163	100.42%	A	
4	100028	30070	25634	85.25%	B	
5	100027	28295		0.00%	C	需补充数据
6	100033	26894	32176	119.64%	A	
7	100030	24734	32395	**130.97%**	S	保留行
~~8~~	~~100030~~	~~24734~~	~~32395~~	~~130.97%~~	~~S~~	已删除
9	100023	24550	32163	131.01%	S	
10					C	需删除或补充
11	100034	22343	24380	109.12%	A	
12	100024	18793	24378	129.72%	S	
13	100025	17743	115705	652.12%	S	数值异常
14	100026	17054	17442	102.28%	A	
-	合计	336760	398940	118.46%	A	逻辑矛盾

图 2.52　输出结果

（2）输入提示词"只保留删除后的数据"，如图 2.53 所示。输出结果如图 2.54 所示。

图 2.53　输入提示词

删除后的数据表

序号	销售经理	年度目标	实际完成	完成率	评级
1	100032	36951	31366	84.89%	B
2	100031	32569	24377	74.85%	C
3	100029	32030	32163	100.42%	A
4	100028	30070	25634	85.25%	B
5	100027	28295		0.00%	C
6	100033	26894	32176	119.64%	A
7	100030	24734	32395	130.97%	S
9	100023	24550	32163	131.01%	S
10					C
11	100034	22343	24380	109.12%	A
12	100024	18793	24378	129.72%	S
13	100025	17743	115705	652.12%	S
14	100026	17054	17442	102.28%	A
-	合计	336760	398940	118.46%	A

图 2.54　输出结果

2. 删除空白行

输入提示词"请删除表中空白行，序号为10"，如图 2.55 所示。输出结果如图 2.56 所示。

图 2.55　输入提示词

图 2.56　输出结果

3. 填充数据

输入提示词"经核对，销售经理 100027 实际完成数据应该为 21687，请填充到表中"，如图 2.57 所示。输出结果如图 2.58 所示。

图 2.57　输入提示词

图 2.58　输出结果

销售经理 100027 的实际完成数据被填充以后，完成率直接被重新计算，同时合计数据也会更新。

4. 异常数据替换

输入提示词"经核对，销售经理 100025 实际完成数据应该为 15705，请对数据进行替换"，如图 2.59 所示。输出结果如图 2.60 所示。

图 2.59　输入提示词

图 2.60　输出结果

销售经理 100025 的实际完成数据被填充以后，完成率直接被重新计算，且评级根据其他数据进行了更新（80%~100% 完成率评级为 B 级），合计数据也会更新。

5. 逻辑问题处理

输入提示词"合计行无须进行评级，请将评级单元格中的评级删除"，如图 2.61 所示。输出结果如图 2.62 所示。

图 2.61　输入提示词

最终清理后的数据表

序号	销售经理	年度目标	实际完成	完成率	评级
1	100032	36951	31366	84.89%	B
2	100031	32569	24377	74.85%	C
3	100029	32030	32163	100.42%	A
4	100028	30070	25634	85.25%	B
5	100027	28295	21687	76.65%	C
6	100033	26894	32176	119.64%	A
7	100030	24734	32395	130.97%	S
9	100023	24550	32163	131.01%	S
11	100034	22343	24380	109.12%	A
12	100024	18793	24378	129.72%	S
13	100025	17743	15705	88.51%	B
14	100026	17054	17442	102.28%	A
-	合计	336760	320627	95.21%	

图 2.62　输出结果

6. 排序并重新编码序号

由于前面有删除行，因此在调整完所有数据后，需要对序号列进行重新编码。此处按照完成率降序排列，并重新对序号进行编码。输入提示词"请按照完成率降序排列，并重新对序号进行编码"，如图 2.63 所示。输出结果如图 2.64 所示。

> 请按照完成率降序排序，并重新对序号进行编码
>
> ◎ 深度思考 (R1)　⊕ 联网搜索

图 2.63　输入提示词

排序后的数据表

序号	销售经理	年度目标	实际完成	完成率	评级
1	100023	24550	32163	131.01%	S
2	100030	24734	32395	130.97%	S
3	100024	18793	24378	129.72%	S
4	100033	26894	32176	119.64%	A
5	100029	32030	32163	100.42%	A
6	100026	17054	17442	102.28%	A
7	100034	22343	24380	109.12%	A
8	100028	30070	25634	85.25%	B
9	100032	36951	31366	84.89%	B
10	100025	17743	15705	88.51%	B
11	100027	28295	21687	76.65%	C
12	100031	32569	24377	74.85%	C
-	合计	336760	320627	95.21%	

图 2.64　输出结果

以上步骤也可以在一条提示词里执行，本节为了让读者看清楚操作的过程，选择了逐步进行数据清洗的方法。

2.4.2 使用 OfficeAI 内嵌 DeepSeek 进行数据清洗

回顾数据质量检测结果，如图 2.65 所示。

序号	销售经理	年度目标	实际完成	完成率	评级
1	100032	36951	31366	84.89%	B
2	100031	32569	24377	74.85%	C
3	100029	32030	32163	100.42%	A
4	100028	30070	25634	85.25%	B
5	100027	28295		0.00%	C
6	100033	26894	32176	119.64%	A
7	100030	24734	32395	130.97%	S
8	100030	24734	32395	130.97%	S
9	100023	24550	32163	131.01%	S
10				#DIV/0!	#DIV/0!
11	100034	22343	24380	109.12%	A
12	100024	18793	24378	129.72%	S
13	100025	17743	115705	652.12%	S
14	100026	17054	17442	102.28%	A
—	合计	336760	424574	126.08%	S

图 2.65　数据质量检验结果

1. 删除重复数据

在"销售人员业绩"表中启动"OfficeAI 助手"右侧面板。在对话框中输入提示词"基于 [销售人员业绩] 表的数据，删除序号为 8 的数据"，如图 2.66 所示。输出结果如图 2.67 所示。

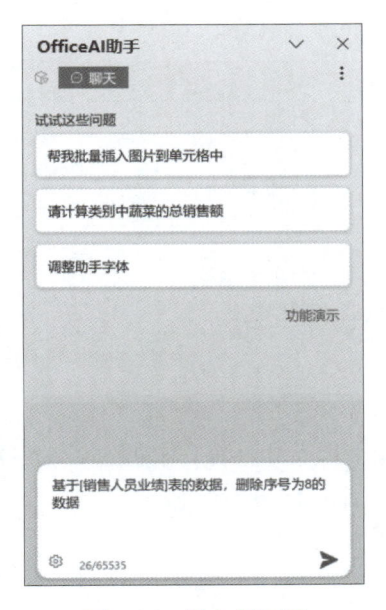

图 2.66　输入提示词

零基础玩转 DeepSeek：秒懂数据分析

序号	销售经理	年度目标	实际完成	完成率	评级
1	100032	36951	31366	84.89%	B
2	100031	32569	24377	74.85%	C
3	100029	32030	32163	100.42%	A
4	100028	30070	25634	85.25%	B
5	100027	28295		0.00%	C
6	100033	26894	32176	119.64%	A
7	100030	24734	32395	130.97%	S
9	100023	24550	32163	131.01%	S
10				#DIV/0!	#DIV/0!
11	100034	22343	24380	109.12%	A
12	100024	18793	24378	129.72%	S
13	100025	17743	115705	652.12%	S
14	100026	17054	17442	102.28%	A
—	合计	312026	392179	125.69%	S

图 2.67　输出结果

2. 删除空白行

输入提示词"基于 [销售人员业绩] 表的数据，删除序号为 10 的数据"，如图 2.68 所示。输出结果如图 2.69 所示。

图 2.68　输入提示词　　　　　图 2.69　输出结果

3. 填充数据

输入提示词"基于 [销售人员业绩] 表的数据，将 D6 单元格填充为 21687"，如图 2.70 所示。输出结果如图 2.71 所示。

图 2.70　输入提示词　　　　　　　　图 2.71　输出结果

由于表格中存在公式，因此在数据输入正确后，对应的完成率和评级均更新为正确的数值。

4. 异常数据替换

输入提示词"基于[销售人员业绩]表的数据，将D12单元格修改为15705"，如图2.72所示。输出结果如图2.73所示。

图 2.72　输入提示词　　　　　　　　图 2.73　输出结果

由于表格中存在公式，因此在数据输入正确后，对应的实际完成数据和评级均更新为正确的数值。

5. 逻辑问题处理

输入提示词"基于 [销售人员业绩] 表的数据,将 F14 单元格内容清空",如图 2.74 所示。输出结果如图 2.75 所示。

图 2.74　输入提示词　　　　　　图 2.75　输出结果

6. 排序

由于前面已经对各销售人员数据进行了更新,现在按照完成率作降序排序。输入提示词"基于 [销售人员业绩] 表的数据,请按照完成率降序排序,不含合计行",如图 2.76 所示。输出结果如图 2.77 所示。

图 2.76　输入提示词　　　　　　图 2.77　输出结果

7. 重新编码序号

（1）排序完成以后，"序号"列由于前期删除数据和重新排序的操作，需要更新。输入提示词"基于[销售人员业绩]表的数据，重新对"序号"列进行编码，不含合计行"，如图 2.78 所示。

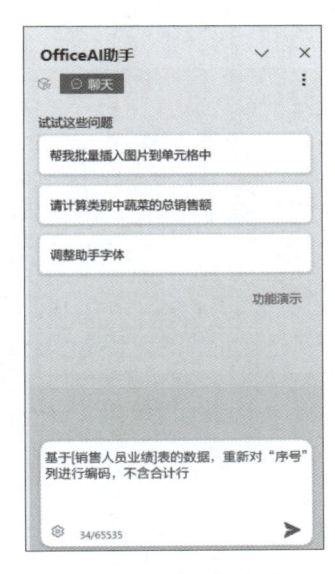

图 2.78　输入提示词

（2）排序结果如图 2.79 所示。用函数的方式输出的结果是错误的，主要是使用该函数需要按 Ctrl+Shift+Enter 组合键，对于初学者来说并不友好。因此，这里要求直接使用 VBA 实现，无须读者做任何的前提操作。

图 2.79　排序结果

（3）重新输入提示词。经过判断，上一步采用的是函数，因此在新的提示词中要求使用 VBA 的方式，输入提示词"使用 VAB 的方式实现"，如图 2.80

所示。输出结果如图 2.81 所示。

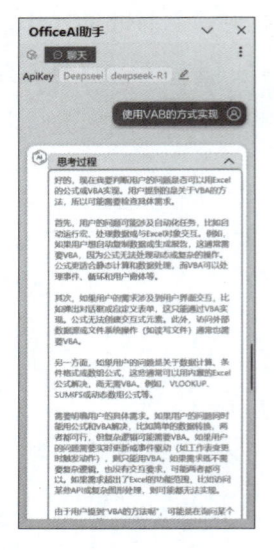

图 2.80　重新输入提示词

图 2.81　输出结果

2.4.3　人工清洗

1. 删除空白行

（1）选择"数据"→"排序和筛选"→"筛选"，在"销售经理"下拉列表中选择"[空白]"，如图 2.82 所示。筛选结果如图 2.83 所示。

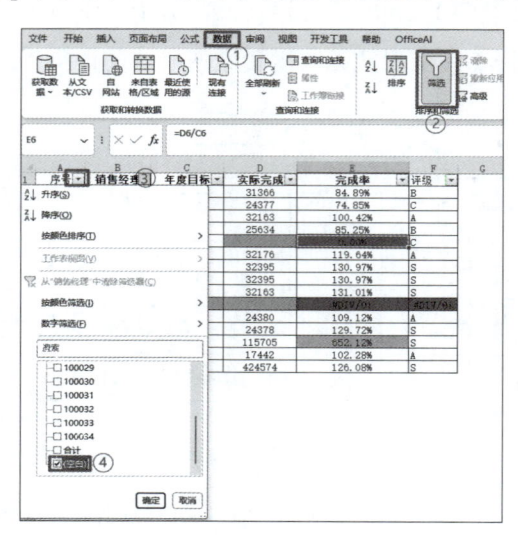

图 2.82　找到空白行

第 2 章　数据清洗

图 2.83　筛选结果

（2）选中筛选后的空白行，右击选择"删除行"选项，如图 2.84 所示。

（3）删除后的效果如图 2.85 所示。

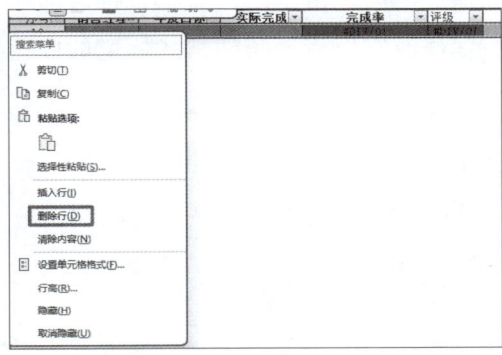

图 2.84　删除空白行

图 2.85　删除后的效果

2. 删除重复数据

选中序号为 8 的行，右击选择"删除"选项，如图 2.86 所示。删除后的效果如图 2.87 所示。

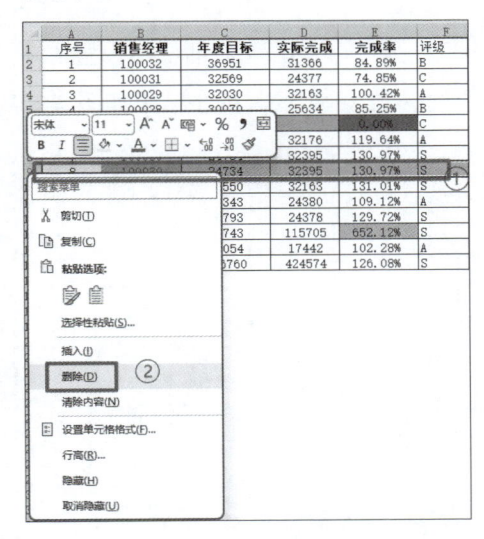

图 2.86　删除重复数据

图 2.87　删除后的效果

069

3. 修改空白数据和异常数据

本案例中的空白数据和异常数据一般在确认以后，直接进行修改即可，修改后的结果如图 2.88 所示。

由于数据表中本身保留公式，因此数据确认后，"完成率"和"评级"列直接按照公式自动修改为正确的数值。同时，由于之前对于各种有问题的数据的判断是基于条件格式，当数据修改完以后，条件格式标记的底色就会消失。

序号	销售经理	年度目标	实际完成	完成率	评级
1	100032	36951	31366	84.89%	B
2	100031	32569	24377	74.85%	C
3	100029	32030	32163	100.42%	A
4	100028	30070	25634	85.25%	B
5	100027	28295	21687	76.65%	C
6	100033	26894	32176	119.64%	S
7	100030	24734	32395	130.97%	S
9	100023	24550	32163	131.01%	S
11	100034	22343	24380	109.12%	A
12	100024	18793	24378	129.72%	S
13	100025	17743	15705	88.51%	B
14	100026	17054	17442	102.28%	A
—	合计	312026	313866	100.59%	A

图 2.88　修改结果

4. 排序

选择"数据"→"排序和筛选"→"排序"，打开"排序"对话框。设置"排序依据"为"完成率"，"次序"为"降序"，如图 2.89 所示。排序结果如图 2.90 所示。

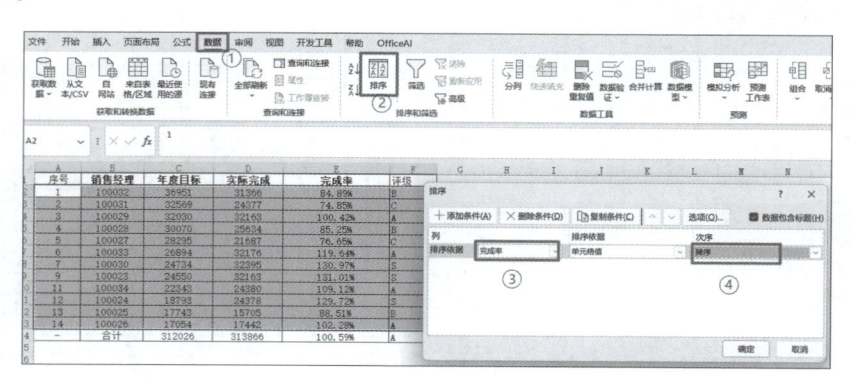

图 2.89　排序

序号	销售经理	年度目标	实际完成	完成率	评级
9	100023	24550	32163	131.01%	S
7	100030	24734	32395	130.97%	S
12	100024	18793	24378	129.72%	S
6	100033	26894	32176	119.64%	A
11	100034	22343	24380	109.12%	A
14	100026	17054	17442	102.28%	A
3	100029	32030	32163	100.42%	A
13	100025	17743	15705	88.51%	B
4	100028	30070	25634	85.25%	B
1	100032	36951	31366	84.89%	B
5	100027	28295	21687	76.65%	C
2	100031	32569	24377	74.85%	C
—	合计	312026	313866	100.59%	A

图 2.90　排序结果

5. 序号编码

（1）在"序号"列前两个单元格中分别输入 1、2，然后选中两个单元格，选中右下角的填充柄，如图 2.91 所示。

序号	销售经理	年度目标	实际完成	完成率	评级
1	100023	24550	32163	131.01%	S
2	100030	24734	32395	130.97%	S
12	100024	18793	24378	129.72%	S
6	100033	26894	32176	119.64%	A
11	100034	22343	24380	109.12%	A
14	100026	17054	17442	102.28%	A
3	100029	32030	32163	100.42%	A
13	100025	17743	15705	88.51%	B
4	100028	30070	25634	85.25%	B
1	100032	36951	31366	84.89%	B
5	100027	28295	21687	76.65%	C
2	100031	32569	24377	74.85%	C
—	合计	312026	313866	100.59%	A

图 2.91　输入序号

（2）按住鼠标左键拖动填充柄到第 13 行，填充结果如图 2.92 所示。

序号	销售经理	年度目标	实际完成	完成率	评级
1	100023	24550	32163	131.01%	S
2	100030	24734	32395	130.97%	S
3	100024	18793	24378	129.72%	S
4	100033	26894	32176	119.64%	A
5	100034	22343	24380	109.12%	A
6	100026	17054	17442	102.28%	A
7	100029	32030	32163	100.42%	A
8	100025	17743	15705	88.51%	B
9	100028	30070	25634	85.25%	B
10	100032	36951	31366	84.89%	B
11	100027	28295	21687	76.65%	C
12	100031	32569	24377	74.85%	C
—	合计	312026	313866	100.59%	A

图 2.92　填充结果

6. 修改逻辑错误

删除"合计"行的"评级"单元格里的内容，结果如图 2.93 所示。

序号	销售经理	年度目标	实际完成	完成率	评级
1	100023	24550	32163	131.01%	S
2	100030	24734	32395	130.97%	S
3	100024	18793	24378	129.72%	S
4	100033	26894	32176	119.64%	A
5	100034	22343	24380	109.12%	A
6	100026	17054	17442	102.28%	A
7	100029	32030	32163	100.42%	A
8	100025	17743	15705	88.51%	B
9	100028	30070	25634	85.25%	B
10	100032	36951	31366	84.89%	B
11	100027	28295	21687	76.65%	C
12	100031	32569	24377	74.85%	C
—	合计	312026	313866	100.59%	

图 2.93　删除逻辑错误

2.4.4　小结

　　DeepSeek、OfficeAI 内嵌 DeepSeek、人工诊断都可以对数据进行清洗，整体来看，DeepSeek 在清洗的过程中实现较为便捷，并且相对应的一些公式问题可以自动判断并修改，但是需要将处理后的数据粘贴到新的表格中，另外需要验证修改的结果是否正确；OfficeAI 内嵌 DeepSeek 可直接在原表中对数据进行清洗，提示词较为简单，直接告诉 OfficeAI 怎么做即可，但有时给出的结果不一定符合预期，因此需要对提示词进行修改和验证检。对于有基础的同学，使用 Excel 处理是比较方便的，处理结果直接保存在 Excel 中。

第 3 章　数据分析与可视化

　　在信息爆炸的时代，数据已成为驱动决策、推动创新的核心要素。从商业智能到科学研究，从社交媒体趋势到公共卫生政策制定，海量数据每时每刻都在生成与积累。然而，海量数据本身并不直接产生价值，只有通过有效的分析和直观的呈现，才能将其转化为可操作的洞察，为各行各业赋能。

　　数据分析可以从纷繁复杂的数据中抽丝剥茧，揭示隐藏的模式、趋势和关联。帮助我们理解现状、预测未来、优化决策。数据可视化则如同一座桥梁，将冰冷的数字转化为直观的图形、图像，让数据"开口说话"，能够提升信息传递效率、揭示数据背后的故事、激发探索和发现。数据分析与可视化是相辅相成的，共同构成了从数据到洞察的完整链条。在未来的发展中，随着技术的不断进步和应用场景的不断拓展，数据分析与可视化将在更多领域发挥重要作用。

　　本章将深入探讨数据分析与可视化的基础概念、关键流程、常用技术与工具，以及它们在实际应用场景中的重要作用与实践要点。通过学习，将掌握如何从数据中提取有价值的信息，并以直观易懂的可视化形式传递这些信息，从而更好地理解复杂数据集，发现隐藏模式，支持基于数据的决策制定，为后续深入的数据挖掘与高级分析奠定坚实基础。

3.1　描述性分析

3.1.1　描述性分析介绍

　　描述性分析是数据分析的一种基础类型，主要关注对数据集的基本特征进行总结和描述。它通过一系列统计方法和可视化手段，帮助用户快速了解数据的分布情况、集中趋势、离散程度，以及数据之间的初步关联等，为后续更深入的数据分析和建模奠定基础。

1. 集中趋势的度量

集中趋势的度量用于描述数据集的中心位置或典型值，常见的指标包括平均数（Mean）、中位数（Median）和众数（Mode）。

（1）平均数是所有数据的总和除以数据个数，计算公式为

$$\overline{x} = \frac{\sum_{i=1}^{n} x_i}{n}$$

其中，x_i 表示数据集中的每个值，n 表示数据的数量。

（2）中位数需要先将数据集按大小顺序排列，位于数据集中间位置的值即为中位数。如果数据的数量是奇数，则中位数就是中间的那个值；如果数据的数量是偶数，则中位数是中间两个值的平均数。

（3）众数是一个数据集中出现频率最高的值。一个数据集可以有一个众数或多个众数，也可以没有众数。例如：

- 数据集 1：1、1、1、4、5，该数据集的众数为 1。
- 数据集 2：1、1、3、3、5，该数据集的众数为 1 和 3，两者均出现了两次。
- 数据集 3：1、2、3、4、5，该数据集无众数。

2. 离散程度的度量

离散程度的度量用于描述数据集中各个数值偏离中心位置（如均值、中位数）的程度，常见的指标包括极差（Range）、四分位差（Interquartile Range, IQR）、平均差（Mean Deviation）、方差（Variance）、标准差（Standard Deviation）、异众比率（Variety Ratio）和离散系数（Coefficient of Variation）。

（1）极差是数据样本中的最大值与最小值的差值，即

$$R = \max(X) - \min(X)$$

极差反映了数据的数值范围，是最基本的衡量数据离散程度的方式，但受极值影响较大。

（2）四分位差是数据样本的上四分位数（Q3）和下四分位数（Q1）的差值，即

$$IQR = Q3 - Q1$$

四分位差反映了数据中间 50% 部分的离散程度，数值越小表明数据越集中，数值越大表明数据越离散。

（3）平均差是各变量值与平均数的差的绝对值之和除以总数 n，即

$$MD = (\Sigma|x_i - \overline{x}|)/n$$

平均差以平均数为中心，全面准确地反映一组数据的离散情况。

（4）方差和标准差。其中，方差是各变量与平均数的差的平方和除以总数 $n-1$，即

$$s^2 = \frac{\Sigma(x_i - \overline{x})^2}{n-1}$$

标准差是方差的平方根。

方差和标准差都能很好地反映数据的离散程度。

（5）异众比率是指非众数组的频数占总频数的比例，即

$$异众比率 = 1 - \frac{f_{众数}}{f_{总频数}}$$

异众比率越大，说明非众数组的频数占总频数的比重越大，众数的代表性越差。

（6）离散系数是一组数据的标准差与平均数之比，即

$$CV = s/\overline{x}$$

离散系数用于比较不同数据样本的离散程度，特别是当数据的单位不同时。

3.1.2 DeepSeek 数据分布自助诊断

在了解了与描述性分析相关的指标、分析方法后，对于 Excel 函数和公式应用不是很熟练的人来说，不仅可以借助 DeepSeek 进行数据统计得到统计结果，同时还可以让 DeepSeek 根据统计结果给出相应的分析建议。此处我们按照一步一步提示的方法，让 DeepSeek 给出相应的分析结果和结论。

1. DeepSeek 数据分析渐进式提问模式

（1）有一份包含 2021 年全国各省份人口数据（不含港澳台）的 Excel 文件，将该文件上传到 DeepSeek 中，同时选择"深度思考（R1）"模式，如图 3.1 所示。

图 3.1　上传文件

（2）在 DeepSeek 中输入提示词"请帮我统计 2021 年全国各省份人口的集中趋势"，输出结果如图 3.2 所示。

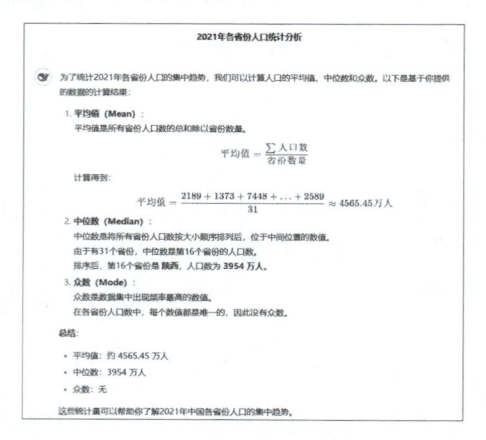

图 3.2　2021 年全国各省份人口集中趋势

（3）在 DeepSeek 中输入提示词"请再统计一下离散程度"，输出结果如图 3.3 所示。

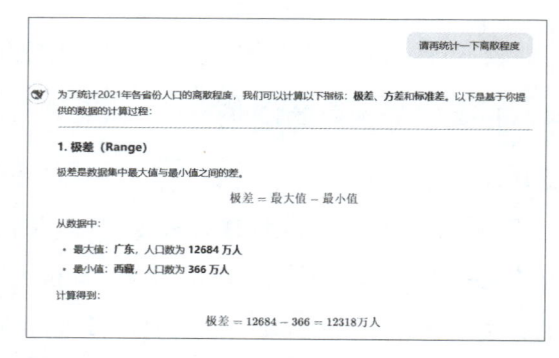

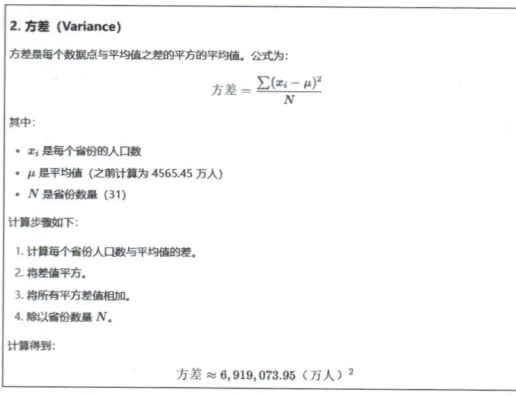

图 3.3　2021 年全国各省份人口离散程度

3. 标准差（Standard Deviation）

标准差是方差的平方根，用于衡量数据的离散程度。公式为：

$$标准差 = \sqrt{方差}$$

计算得到：

$$标准差 = \sqrt{6,919,073.95} \approx 2630.42 \text{万人}$$

总结

- 极差：12318 万人
- 方差：约 6,919,073.95（万人）²
- 标准差：约 2630.42 万人

这些指标表明，各省份人口数的离散程度较大，尤其是极差和标准差的值较高，说明人口分布差异显著。

图 3.3　2021 年全国各省份人口离散程度（续）

（4）通过前两步的分析，可以继续追问，让 DeepSeek 根据前两步的分析内容输出对应的分析结果和建议，如图 3.4 所示。

> 根据以上分析内容，请给出分析结果

根据对2021年中国各省份人口数据的集中趋势和离散程度的分析，以下是分析结果：

1. 集中趋势分析

- **平均值**：约 **4565.45 万人**
  这表明中国各省份的平均人口规模较大，但平均值受到少数人口大省（如广东、山东）的显著影响。
- **中位数**：**3954 万人**
  中位数低于平均值，说明数据分布右偏，即存在一些人口较多的省份拉高了整体平均水平。
- **众数**：无
  各省份的人口数均不重复，因此没有众数。

结论：
中国各省份的人口分布呈现右偏分布，少数人口大省对整体平均水平有显著影响。

2. 离散程度分析

- **极差**：**12318 万人**
  极差非常大，表明人口最多的省份（广东，12684 万人）与人口最少的省份（西藏，366 万人）之间的差异极为显著。
- **方差**：约 **6,919,073.95（万人）²**
  方差的值非常高，进一步表明各省份人口数的分布非常分散。
- **标准差**：约 **2630.42 万人**
  标准差较大，说明各省份人口数围绕平均值的波动幅度较大。

结论：
各省份人口数的离散程度非常高，人口分布极不均衡，少数省份（如广东、山东、河南）的人口规模显著高于其他省份。

图 3.4　分析结果和建议

零基础玩转 DeepSeek：秒懂数据分析

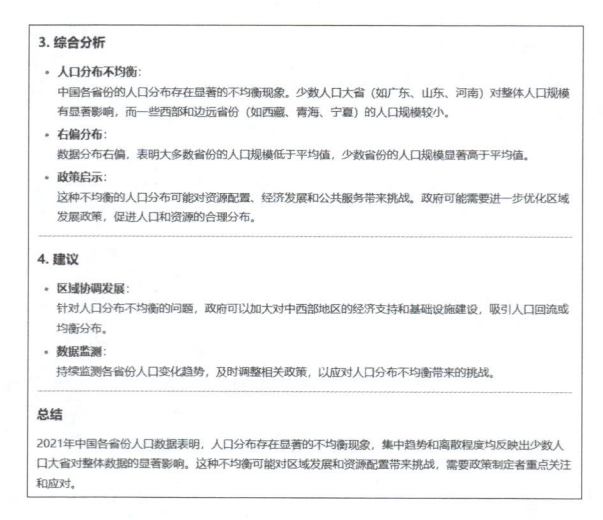

> **3. 综合分析**
> - 人口分布不均衡：
>   中国各省份的人口分布存在显著的不均衡现象。少数人口大省（如广东、山东、河南）对整体人口规模有显著影响，而一些西部和边远省份（如西藏、青海、宁夏）的人口规模较小。
> - 右偏分布：
>   数据分布右偏，表明大多数省份的人口规模低于平均值，少数省份的人口规模显著高于平均值。
> - 政策启示：
>   这种不均衡的人口分布可能对资源配置、经济发展和公共服务带来挑战。政府可能需要进一步优化区域发展政策，促进人口和资源的合理分布。
>
> **4. 建议**
> - 区域协调发展：
>   针对人口分布不均衡的问题，政府可以加大对中西部地区的经济支持和基础设施建设，吸引人口回流或均衡分布。
> - 数据监测：
>   持续监测各省份人口变化趋势，及时调整相关政策，以应对人口分布不均衡带来的挑战。
>
> **总结**
> 2021年中国各省份人口数据表明，人口分布存在显著的不均衡现象，集中趋势和离散程度均反映出少数人口大省对整体数据的显著影响。这种不均衡可能对区域发展和资源配置带来挑战，需要政策制定者重点关注和应对。

图 3.4　分析结果和建议（续）

2. DeepSeek 数据分析结构化提问模式

如果在后续分析中经常进行描述性分析，则可以将上述分析过程进行总结，形成结构化的提示词。按照"业务背景—分析目标—分析方法—结论输出"的框架总结提示词，并一次性提交给 DeepSeek，从而快速生成分析结论。

仍然以对"2021年全国人口数据"的描述性分析为例，给出如下提示词："以上文件是一份 2021 年的全国人口数据，请对该数据集中趋势和离散程度进行描述性分析，其中集中趋势的指标有平均数、中位数、众数；离散程度的指标有极差、方差、标准差、四分位差、离散系数，请分析数据并给出洞察建议。"

描述性分析步骤如下。

（1）上传数据并输入提示词，选择"深度思考（R1）"模式，如图 3.5 所示。

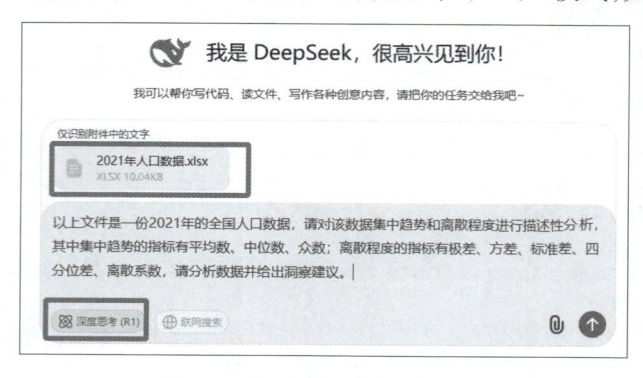

图 3.5　上传数据并输入提示词

（2）DeepSeek 的最终输出结果如图 3.6 所示。

2021年全国人口数据分析报告

5. 针对人口极少的地区（如西藏、青海），可制定特殊政策吸引人才和投资，促进当地经济社会发展。

描述性分析结果

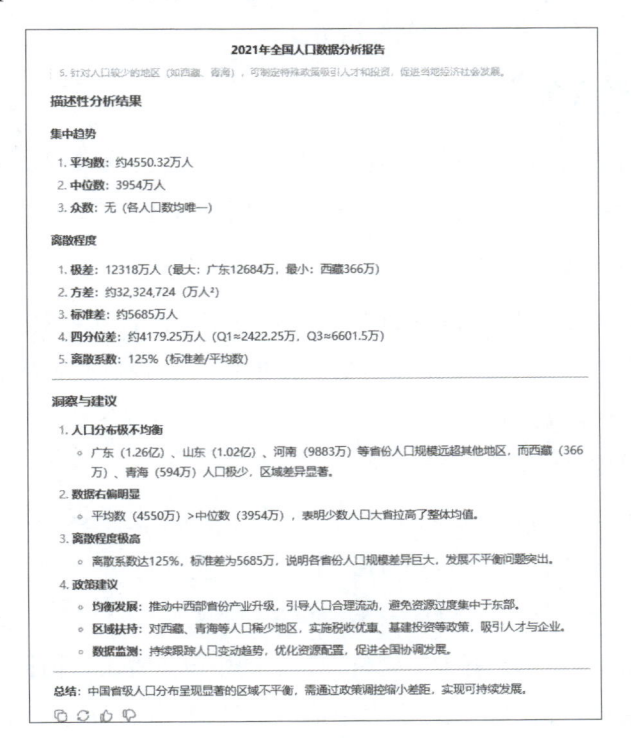

集中趋势
1. 平均数：约4550.32万人
2. 中位数：3954万人
3. 众数：无（各人口数均唯一）

离散程度
1. 极差：12318万人（最大：广东12684万，最小：西藏366万）
2. 方差：约32,324,724（万人²）
3. 标准差：约5685万人
4. 四分位差：约4179.25万人（Q1≈2422.25万，Q3≈6601.5万）
5. 离散系数：125%（标准差/平均数）

洞察与建议
1. 人口分布极不均衡
   ○ 广东（1.26亿）、山东（1.02亿）、河南（9883万）等省份人口规模远超其他地区，而西藏（366万）、青海（594万）人口极少，区域差异显著。
2. 数据右偏明显
   ○ 平均数（4550万）＞中位数（3954万），表明少数人口大省拉高了整体均值。
3. 离散程度极高
   ○ 离散系数达125%，标准差为5685万，说明各省份人口规模差异巨大，发展不平衡问题突出。
4. 政策建议
   ○ 均衡发展：推动中西部省份产业升级，引导人口合理流动，避免资源过度集中于东部。
   ○ 区域扶持：对西藏、青海等人口稀少地区，实施税收优惠、基建投资等政策，吸引人才与企业。
   ○ 数据监测：持续跟踪人口变动趋势，优化资源配置，促进全国协调发展。

总结：中国省级人口分布呈现显著的区域不平衡，需通过政策调控缩小差距，实现可持续发展。

图 3.6　最终输出结果

以上是利用 DeepSeek 进行的描述性分析，有利于理解数据集，发现数据中隐藏的各种模式和趋势，也是对数据进行进一步分析的重要步骤。

3.2.3　小结

描述性分析是一种常见的分析方法，借助 DeepSeek 可以快速实现描述性分析。但是我们仍然要在 DeepSeek 给出结果以后对数据进行校验，避免出现错误。

3.2　数据分析常用方法

数据分析方法，简单理解，就是一套帮助我们从数据中提取有用信息的工具和技巧。就像给数据"做体检"，通过不同的"检查手段"（方法），可以发现数据中隐藏的模式、趋势或问题。根据数据分析的目标，可以将数据分析方法分为三类，分别是现状分析、诊断分析和预测分析。其中，现状分析和诊断分析是数据分析最常用的分析方法。

3.2.1 现状分析

现状分析的目的是摸清当前数据的真实情况，为决策提供依据。常见的现状分析方法有对比分析法、趋势分析法、RFM 分析法等。

1. 对比分析法

对比分析法是数据分析中的重要方法之一，它通过对两个或多个对象、现象、时间点等进行比较，揭示它们之间的差异、相似性和趋势。以下是对比分析法的几种常见分类。

（1）按比较对象分类。

▶ **不同时间点对比**：比较同一指标在不同时间点的数据，分析其随时间的变化。例如，对比企业今年和去年的销售额，了解业务的增长情况，如图 3.7 所示。

▶ **不同群体对比**：对不同人群、部门、地区等进行比较，找出各群体之间的差异。图 3.8 所示为各大区销售额，从图中可以看出，销售额较高的是华东地区和中南地区，西北地区和西南地区销售额较低，从而可以了解到，华东地区和中南地区是企业的主要市场。

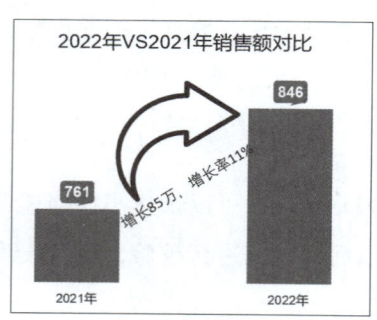

图 3.7　不同时间点对比

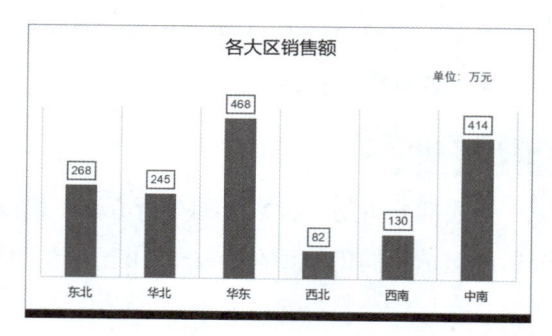

图 3.8　不同群体对比

▶ **不同条件对比**：在不同实验条件、政策环境等情况下进行对比分析，评估条件变化对结果的影响。例如，某企业引进两种不同的生产工艺，在投产 1 个月后，对不同生产工艺生产产品的合格率进行对比，结果如图 3.9 所示。

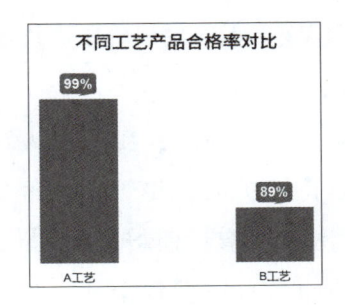

图 3.9　不同条件对比

（2）按比较维度分类。

▶ **单一指标对比**：针对某一具体指标进行比较，如比较两家公司的利润率，如图 3.10 所示。

▶ **多指标综合对比**：同时考虑多个相关指标，全面分析对象之间的差异。例如，对两家企业的利润率和市场占有率进行对比，如图 3.11 所示。

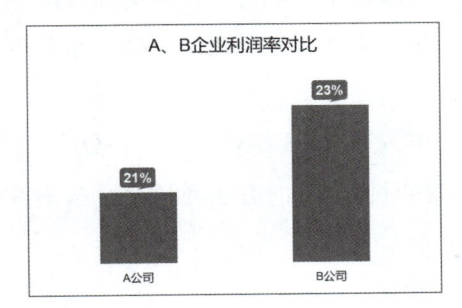

图 3.10　单一指标对比

图 3.11　多指标综合对比

（3）按比较性质分类对比。

▶ **横向对比**：在同一层次或同一类别中进行比较，如对"618"促销活动期间不同平台的销售情况进行对比，如图 3.12 所示。

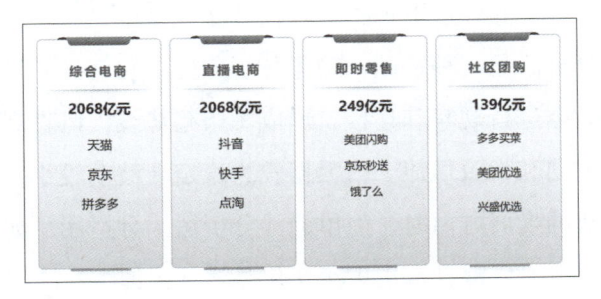

（注：数据来自星图数据监测。）

图 3.12　横向对比

▶ **纵向对比：** 在不同层次或不同发展阶段进行比较，如对我国不同时期的人口规模进行分析，得出如下内容。

● 1949—1973 年：在这一阶段，我国的人口自然增长率基本维持在 20‰ 以上，人口规模持续扩大。尽管期间经历了三年严重困难的短暂冲击，但随后的人口恢复性增长使得自然增长率在 1973 年仍然保持在 20‰ 以上。这一时期的高自然增长率和低死亡率推动了我国人口的迅速增长。

● 1974—1997 年：人口出生率在这一时期经历了显著的波动，但整体呈现下降趋势。尽管如此，人口仍然保持增长，但增速有所放缓。

● 2000 年至今：进入 21 世纪后，我国的人口增长速度进一步放缓。2000—2010 年间，人口年增长率为 0.57%，而 2010—2020 年间，人口年增长率为 0.53%。特别是从 2018 年开始，新增出生人数持续快速下降。这些数据表明，我国的人口结构正在逐渐老龄化，劳动力人口比例下降，而老年人口比例上升。

以上分类并非绝对独立，在实际应用中往往需要综合运用多种分类方式，根据具体的分析目标和数据特点灵活选择对比分析的方法和角度，以获得全面、深入的分析结果，为决策提供有力支持。

2. 趋势分析法

趋势分析法是数据分析方法的一种，它通过对数据演变轨迹的观察与剖析，揭开数据背后隐藏的趋势和规律性变化。趋势分析法的基本原理是，在特定的时间跨度内，聚焦于数据的动态走向，捕捉其中的趋势性变化。对现状的分析主要采用简单趋势分析法。

简单趋势分析法是一种基础的趋势分析方法，它直接通过对某一指标在不同时间点的数据进行观察和连接，形成一条趋势线，以直观地展示该指标随时间的变化方向和大致规律。当数据较为稳定、波动较小，且分析目的仅是获取一个大致的发展方向时，简单趋势分析法十分适用，如监控企业的每日新增用户数、电商店铺日常销售额变化等。某店铺 1—12 月销售额趋势分析图如图 3.13 所示。

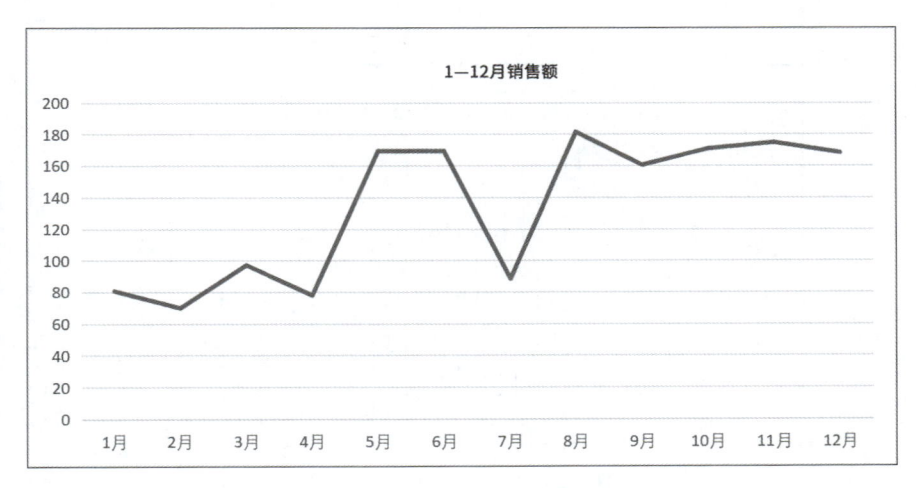

图 3.13　某店铺 1—12 月销售额趋势分析图

在进行趋势分析时，需要了解数据的趋势性。数据的趋势性主要呈现为三种典型形态：上升趋势、下降趋势和平稳趋势。

（1）上升趋势：数据如同蓬勃生长的幼苗，随着时间的推移不断攀升，昭示着积极向上的发展态势。如图 3.14 所示，我国老龄化人口占比持续增加。

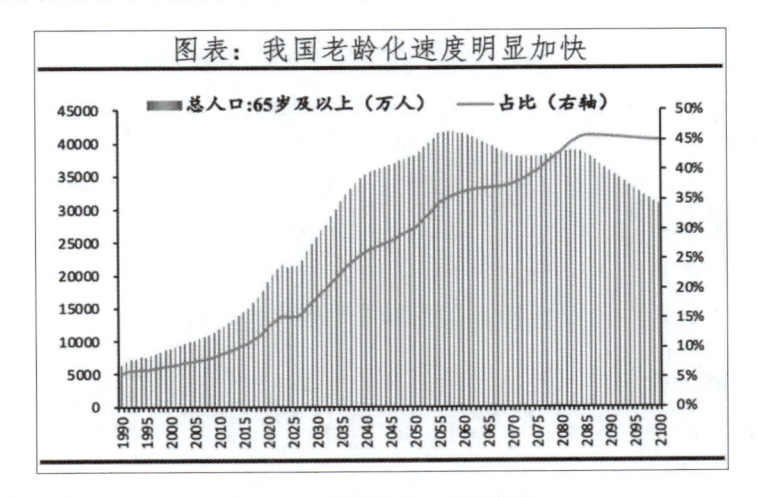

图 3.14　老龄化人口占比变化

（2）下降趋势：数据恰似逐渐消融的冰雪，随着时间的流逝稳步下滑，反映出衰退或减弱的走向。如图 3.15 所示，我国劳动力人口占比持续下降。

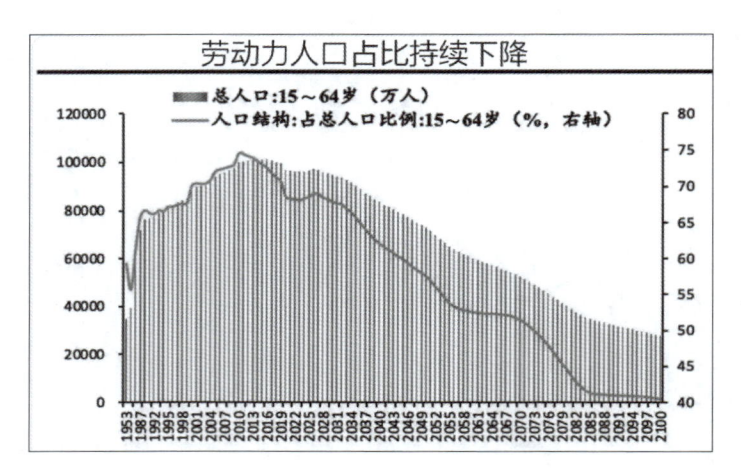

图 3.15　劳动力人口占比变化

（3）平稳趋势：数据在一定区间内波动起伏，宛如平静的湖面，整体保持相对稳定，展现出一种平衡的状态。我国居民消费价格指数变化如图 3.16 所示。

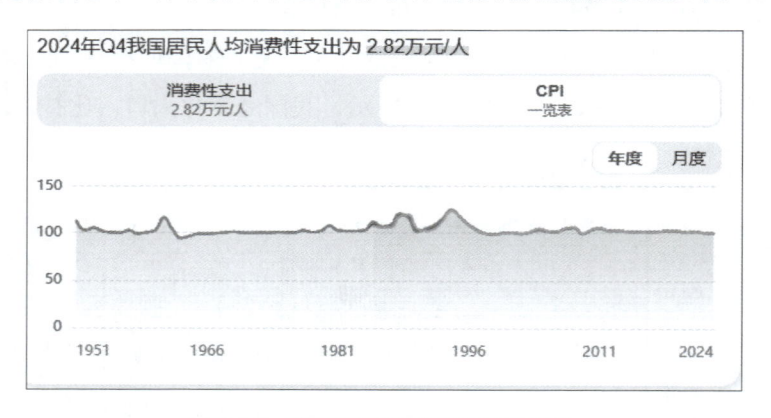

图 3.16　我国居民消费价格指数变化

3. RFM 分析法

RFM 分析法是一种客户价值分析方法，主要通过最近一次消费时间（Recency）、消费频率（Frequency）、消费金额（Monetary）这三个指标来衡量客户价值。RFM 分析法的核心思想是通过用户的历史购物行为，基于三个维度对客户进行评价和分类。

（1）Recency：客户距离上次购买行为的时间间隔，通常时间越短，客户的激活度增益越大。

（2）Frequency：客户在一定期限的购买次数，频繁购买的客户通常代表其忠诚度较高。

（3）Monetary：客户在指定时间内的消费总金额，反映客户的付费能力和购买力。

RFM 分析法将用户分为 8 类，如图 3.17 所示。

分类	R值	F值	M值	用户类型	备注
1	低	高	高	活跃VIP	重要价值客户
2	低	低	高	潜力VIP	重要深耕客户(忠诚度不高，但很有潜力，必须重点发展)
3	低	高	低	普通熟客	潜力客户(客户忠诚度高，持续购买意愿较强，是有潜力的客户)
4	高	高	高	沉睡VIP	重要挽回客户(一段时间没来的忠诚客户，需要主动和他保持联系)
5	高	低	高	流失贵客	重要挽留客户(将要流失或者已经流失的用户，应当采取挽留措施)
6	高	高	低	流失熟客	一般维持客户(已有一段时间没有购买，消费金额并不高，没必要花太大成本挽回)
5	低	低	低	普通新客	新客户
8	高	低	低	完全流失	流失客户(对我们产品不再感兴趣的客户)

图 3.17　RFM 用户分类

针对分层以后的用户，企业可以根据实际情况开展不同的营销活动。

（1）对于沉睡 VIP、潜力 VIP、流失贵客，鉴于其商业价值较高，可以通过付费召回策略，给予一定的优惠，吸引他们重回平台消费。

（2）对于活跃 VIP、普通熟客，由于其购物频次高且持续购物，对其采用相对常规的营销策略，未必能够实现较高的性价比，因此日常维持即可。

（3）对于普通新客，由于其对平台的熟悉还有待提高，可以投放一些费用，促使其购物，尽快从中过滤出商业价值高的用户。

（4）对于流失熟客、完全流失人群，由于其召回难度较大，在营销费用不是很高的情况下，按照日常营销维护此类用户即可，无须更多的动作。

3.2.2　诊断分析

诊断分析是一种深入探究数据异常原因的分析方法，它在发现数据异常后展开，旨在找出问题根源。通过多角度剖析，如细分分析、漏斗分析等，揭示隐藏因素，为解决问题提供精准依据，是连接问题表面现象与深层原因的关键桥梁。

常见的诊断分析方法有漏斗分析法、细分分析法、帕累托分析法、结构分析法、杜邦分析法和同期群分析法等。

1. 漏斗分析法

漏斗分析法是一种用于评估和优化流程转化效果的分析方法，它将用户从初始环节到最终目标环节的整个过程分解为多个连续的阶段，形如漏斗的结构，每个阶段代表用户完成某一特定行为或达到某一状态。通过对各阶段用户数量及转化率的计算和分析，可以直观地发现流程中的瓶颈环节，从而有针对性地进行改进和优化，以提高整体的转化效率。

例如，收集一家店铺 1 个月内各阶段的用户数据，具体如下。

- 访问网站用户：10000 人。
- 浏览商品用户：8000 人。
- 加入购物车用户：4000 人。
- 提交订单用户：3000 人。
- 完成支付用户：2000 人。

计算各阶段用户转化率情况，见表 3.1。

表 3.1　各阶段用户转化率情况

阶段	人数	阶段转化率 / %	全阶段转化率 / %
网站访问	10000	100.0	100.0
浏览商品	8000	80.0	80.0
加入购物车	4000	50.0	40.0
提交订单	3000	75.0	30.0
完成支付	2000	66.7	20.0

将以上转化率制作成漏斗图，如图 3.18 所示。

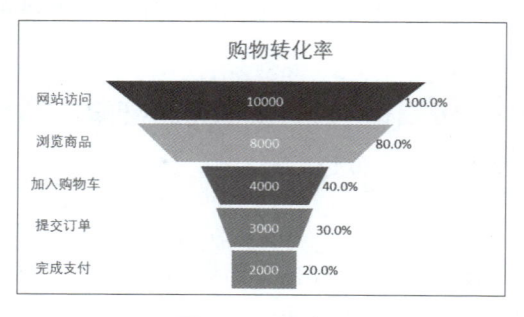

图 3.18　漏斗图

2. 细分分析法

细分分析法是一种将整体数据按照一定的特征或规则划分为若干个子集，然后对每个子集进行深入分析，以揭示数据内部的差异性、规律性和潜在模式的分析方法。细分分析法的核心目标是通过对数据的细分，更精准地理解不同群体或类别的特征和行为，为制定针对性的决策和策略提供依据。常见的细分分析法有时间细分、空间细分、公式细分等。

（1）时间细分，如将时间拆解为年、月、日、小时、分钟等。

（2）空间分析，如将全国分为各个省份。

（3）公式细分，如将销售额拆分为活跃用户数 × 转化率 × 客单价，即销售额 = 活跃用户数 × 转化率 × 客单价。

3. 帕累托分析法

帕累托分析法是一种基于帕累托原则（也称为 80/20 法则）的分析方法。该原则指出，在许多情况下，大部分的效果（约 80%）往往由少数的原因（约 20%）所产生。在数据分析中，帕累托分析法通过识别出那些对整体影响最大的关键因素，帮助决策者优先处理最重要的问题，从而实现资源的优化配置和效率的最大化。例如，公司对食用油销量进行分析，发现 69% 的销售额来自三款食用油，76% 的利润额来自另外三款食用油。可见该企业销售最好的产品，利润比较低。

某旅行社分析其旅游人群，制作帕累托图如图 3.19 所示，发现目前旅游人群主要为"70 后"和"60 后"，因此决定在下次旅游旺季到来前，对该类人群推送旅游相关产品广告。

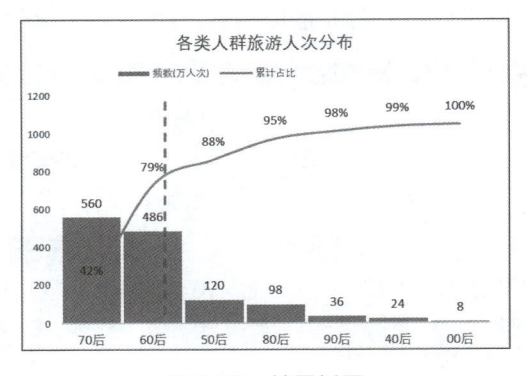

图 3.19　帕累托图

4. 结构分析法

结构分析法是一种通过分解数据的组成部分、研究各部分之间的关系及其对整体影响的分析方法。结构分析法的核心目标是揭示数据内部的逻辑结构、层次关系和分布特征，从而为决策提供科学依据。结构分析法是数据分析中非常常见的一种分析方法。例如，通过各品牌手机所占的市场份额，了解手机市场竞争格局；通过财务报表中的资产、负债和所有者权益的分析，了解企业资金来源和运用情况等；了解我国人口年龄构成，得出当前我国逐步进入老龄化阶段的结论。图 3.20 所示为某超市各类水果销售占比。

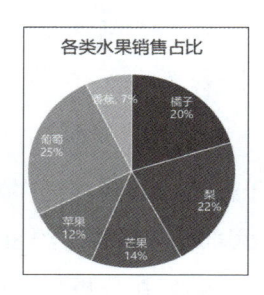

图 3.20　某超市各类水果销售占比

5. 杜邦分析法

杜邦分析法是一种经典的财务分析方法，通过将企业的财务指标进行分解，形成一个完整的指标体系，从而全面、系统地评估企业的财务状况和经营成果。杜邦分析法以净资产收益率（ROE）为核心指标，将其拆分为多个相互关联的比率，如利润率、资产周转率和财务杠杆等，通过这些比率之间的关系，深入剖析企业盈利能力、营运能力和偿债能力等方面的相互影响和驱动因素。例如，将某公司的财务指标拆解，如图 3.21 所示。

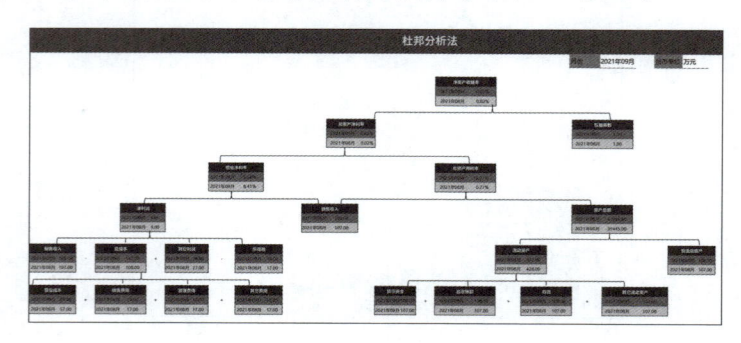

图 3.21　杜邦分析法

6. 同期群分析法

同期群分析（Cohort Analysis）法是一种用于评估用户或其他实体在特定时间段内行为模式和特征变化的分析方法。同期群分析法将具有相似特征或在同一时间段内发生某行为的个体归为一个群组（即同期群组），然后跟踪和分析该群组在后续时间段内的行为表现，以揭示不同群组之间的差异及群组内个体的变化趋势。

通过对比群体的留存情况来分析留存率是否存在问题，进一步拆解影响留存率的因素，见表3.2。

表 3.2　留存率　　　　　　　　　　　　　　　　单位：%

新增	1周	2周	3周	4周	5周
1000	65.0	56.0	45.0	40.0	35.0
1500	80.0	60.0	40.0	35.0	
1000	80.0	60.0	45.0		
1500	80.0	60.0			
1000	80.0				

在诊断分析的过程中，各种方法并不是单一使用的，经常结合使用，从而对业务进行更精准的诊断。

3.2.3　预测分析

预测分析是一种基于历史数据和统计模型，对未来事件或趋势进行预测的分析方法。预测分析综合运用了统计学、机器学习、时间序列分析等多种技术，旨在帮助企业、组织或个人提前洞察未来可能的发展情况，从而作出更加明智的决策。

常见的预测分析方法有移动平均法、线性回归法、时间序列分析法等。

1. 移动平均法

移动平均法是一种常用的数据平滑技术，主要用于处理时间序列数据。它通过计算数据窗口内的平均数来平滑短期波动，突出长期趋势。移动平均法假设近期的数据对未来的影响更大，因此在计算平均数时会给予近期数据更高的权重。

移动平均法适用于没有季节性波动的时间序列，但不适用于具有明显周期性或季节性的数据，且它适用于即期预测，不适合未来较长时期的预测。

移动平均法中计算平均数的常见公式如下：

$$\bar{Y}_1 = \frac{Y_{t-k+1} + Y_{t-k+2} + \cdots + Y_{t-1} + Y_t}{k}$$

移动平均法用于预测的公式如下：

$$F_{t+1} = \frac{Y_{t-k+1} + Y_{t-k+2} + \cdots + Y_{t-1} + Y_t}{k}$$

现有某公司 2009—2019 年的销售数据，利用简单二项移动平均法预测 2020 年的销售额，见表 3.3。

表 3.3 二项移动平均法　　　　　　　　　　单位：万元

年度	销售额	二项移动求和	二项移动平均
2009	58		
2010	64	—	—
2011	87	58+64	61
2012	109	64+87	75.5
2013	130	87+109	98
2014	171	109+130	119.5
2015	182	130+171	150.5
2016	181	171+182	176.5
2017	190	182+181	181.5
2018	191	181+190	185.5
2019	189	190+191	190.5
2020			190

2. 线性回归法

线性回归法是一种广泛使用的统计学和机器学习方法，主要用于建模和分析两个变量之间的线性关系。其中，一个变量被视为因变量（通常记作 y），另一个或多个变量被视为自变量（通常记作 x_1，x_2，x_3，…）。线性回归的目标是找到一个线性组合，使得这个线性组合能够尽可能准确地预测因变量的值。公式如下：

$$y = \beta_0 + \beta_1 x_1 + \beta_2 x_2 + \cdots + \beta_n x_n + \varepsilon$$

其中，y 是因变量（预测目标）；x_1，x_2，$\cdots$，x_n 是自变量（特征）；β_0 是截距；β_1，β_2，$\cdots$，β_n 是回归系数（模型的参数）；ε 是误差项，表示不能被自变量解释的随机误差。

某公司 2024 年市场部广告投入与销售额数据见表 3.4。

表 3.4　广告投入与销售额数据　　　　　　　　　　单位：万元

月份	广告投入（x）	销售额（y）
1	1	1.2
2	2	1.9
3	3	3
4	4	4.1
5	5	5
6	6	6.2
7	7	6.8
8	8	7.9
9	9	8.5
10	10	9
11	11	9.8
12	12	10.5

使用线性回归法建立广告投入与销售额之间的模型。公式如下：

$$y = 0.5 + 0.85x$$

这个模型表明，广告投入每增加 1 万元，销售额预计会增加 1.35 万元。我们可以使用这个模型来预测未来月份的销售额。例如，下个月的广告投入为 15 万元，预测的销售额为

$$y = 0.5 + 0.85 \times 15 = 13.25$$

即预测下个月的销售额为 13.25 万元。

3. 时间序列分析法

时间序列分析法是一种基于时间序列数据的分析方法，旨在通过对历史数据的观察、建模和推断，揭示数据随时间变化的规律和趋势，并对未来进行预测。时间序列数据由一组按时间顺序排列的观测值组成，这些观测值通常具有连续性和相关性。根据观察时间的不同，时间序列中的时间可以是年份、季度、月份或其他任何时间形式。

表 3.5 为一家零售企业 2020—2023 年各季度的销售数据，老板想要知道未来 1 年每个季度的销售额是多少，以便于备货。

表 3.5 2020—2023 年各季度的销售数据

年　份	季　度	销售额/万元
2020	Q1	122.4
	Q2	169.2
	Q3	165.6
	Q4	194.4
2021	Q1	129.6
	Q2	180
	Q3	176.4
	Q4	211.2
2022	Q1	145.2
	Q2	195.6
	Q3	187.2
	Q4	224.4
2023	Q1	163.2
	Q2	216
	Q3	202.8
	Q4	237.6

通过时间序列模型得到预测公式为

$$y=3.3637x+153.96$$

预测得到 2023 年 Q1～Q4 销售额如图 3.22 所示。

序号	年份	季度	销售额	季节指数	去季节影响	线性预测
1	2020	Q1	122.4	0.767	159.5	156
2	2020	Q2	169.2	1.042	162.4	160
3	2020	Q3	165.6	1.002	165.2	163
4	2020	Q4	194.4	1.188	163.6	166
5	2021	Q1	129.6	0.767	168.9	170
6	2021	Q2	180	1.042	172.8	173
7	2021	Q3	176.4	1.002	176.0	177
8	2021	Q4	211.2	1.188	177.8	180
9	2022	Q1	145.2	0.767	189.2	183
10	2022	Q2	195.6	1.042	187.7	187
11	2022	Q3	187.2	1.002	186.7	190
12	2022	Q4	224.4	1.188	188.9	193
13	2023	Q1	163.2	0.767	212.6	197
14	2023	Q2	216	1.042	207.3	200
15	2023	Q3	202.8	1.002	202.3	203
16	2023	Q4	237.6	1.188	200.0	207
17	2023	Q1				210
18	2023	Q2				214
19	2023	Q3				217
20	2023	Q4				220

图 3.22　预测结果

以上为常见的数据分析方法，在业务分析中很少采用单一的数据分析方法，通常都是将各种数据分析方法结合使用，以便更好地对业务进行分析诊断。例如，对客户行为与体验进行分析可以综合运用细分分析法、漏斗分析法。首先，使用细分分析法将客户群体按照不同的特征进行划分，如年龄、性别、消费频次、购买金额等，以便针对不同客户群体制定个性化的营销策略和服务方案。其次，使用漏斗分析法跟踪客户从接触企业产品或服务到最终购买的各个环节转化情况，识别出转化率较低的关键环节。最后，深入探究这些关键环节中客户流失或转化率低下的根本原因，如产品页面加载速度慢、购买流程烦琐、客户服务响应不及时等。

例如，某在线教育平台通过细分分析法将客户分为学生群体和职场人士群体。针对学生群体，使用漏斗分析法发现从课程浏览到课程购买的转化率较低，通过进一步的诊断分析发现原因是课程价格较高且缺乏灵活的支付方式。针对这一问题，平台可以推出分期付款、优惠套餐等措施，以提高该群体的购买转化率。

3.2.4　使用 DeepSeek 辅助选择分析方法

选择正确的分析方法对于获取有价值的洞察和制定有效的策略至关重要。然而，随着数据的复杂性和业务需求的多样化不断增加，手动选择和应用分析方法往往面临诸多挑战，且对于非专业人员来说，对于分析方法的应用相对生疏。因此，可以借助 DeepSeek 等 AI 工具辅助我们选择合适的分析方法。DeepSeek 可以基于其对数据和问题的理解，推荐合适的分析方法。

此处仍以 2021 年我国各省份人口数据为分析对象，上传数据后让 DeepSeek 根据数据特征向我们推荐合适的分析方法，具体步骤如下。

（1）上传数据，同时开启"深度思考（R1）"模式，如图 3.23 所示。

图 3.23　上传数据

（2）输入提示词"我要对 2021 年全国各省份人口数据进行进一步分析，请在前面描述性分析的基础上，推荐 3 个合适的分析方法对 2021 年的人口数据进行现状分析和诊断分析，并给出该分析方法的优劣势和推荐理由，以便于我选择，分析顺序为先现状分析后诊断分析。"得到 DeepSeek 推荐的分析方法及选择理由如图 3.24 所示。

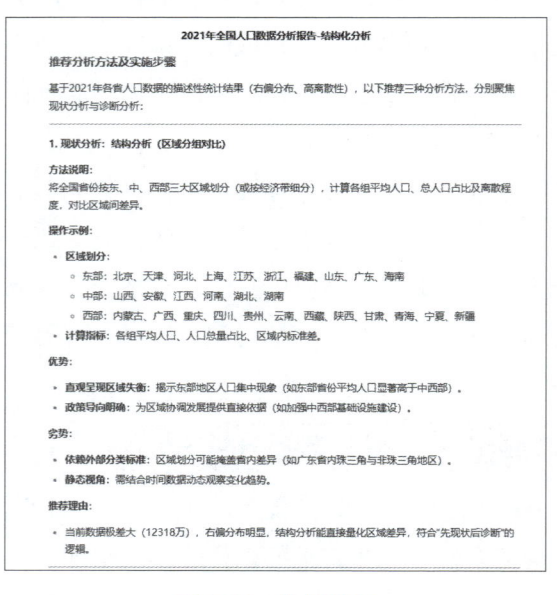

图 3.24　分析结果

2. 现状分析：分位数分层（人口规模层级）

方法说明：
按人口数值分位数（如四分位数）将省份划分为"低、中、高"人口层级，统计各层级省份数量及人口总量占比。

操作示例：

- 分层标准（基于31个省份）：
  - 低人口层级：Q1以下（<2422万人，如青海、西藏等8省）
  - 中人口层级：Q1-Q3（2422万-6601万人，如重庆、吉林等15省）
  - 高人口层级：Q3以上（>6601万人，如广东、山东等8省）
- 统计结果：高人口层级省份占比26%，但人口总量占比超50%。

优势：

- 量化头部效应：明确少数省份主导整体人口分布的现状。
- 简化决策优先级：快速识别需重点关注的"高人口"省份。

劣势：

- 阈值依赖性强：分层标准可能影响结论（如调整分位数会改变层级划分）。
- 忽略内部差异：同一层级内仍有较大波动（如广东1.26亿 vs 山东1.02亿）。

推荐理由：

- 数据离散系数高达125%，分位数分层能清晰展示人口分布的"金字塔结构"，为后续诊断提供基础框架。

3. 诊断分析：帕累托分析（关键省份识别）

方法说明：
验证是否前20%的省份占据80%总人口，锁定核心影响省份，并分析其共性特征（如经济水平、地理位置）。

操作示例：

- 排序与累计计算：按人口降序排列，计算累计人口占比。
  - 前6省（20%省份）：广东、山东、河南、江苏、四川、河北
  - 累计占比：约52%（未达80%，但显著高于均匀分布）
- 结论修正：虽不完全符合"二八法则"，但头部省份仍占据主导地位。

优势：

- 聚焦核心矛盾：明确资源过度集中问题（如广东人口超1.2亿，远超其他省份）。
- 快速决策支持：提示需控制超大城市规模或扶持中小省份。

劣势：

- 忽略长尾效应：西藏、青海等极小省份的特殊需求可能被忽视。
- 单一维度局限：未结合经济、政策等外部因素解释人口集中原因。

推荐理由：

- 当前数据中头部省份（广东、山东、河南）人口显著突出，帕累托分析可量化其影响力，警示区域发展不平衡风险。

实施顺序与综合建议

1. 第一步：结构分析（现状分析）
   - 目标：宏观掌握东、中、西部人口分布差异。
   - 输出：区域对比图表（如柱状图显示各组平均人口）。
2. 第二步：分位数分层（现状分析）
   - 目标：细化人口规模层级，识别头部省份。
   - 输出：人口金字塔图或分层占比表格。
3. 第三步：帕累托分析（诊断分析）
   - 目标：锁定关键省份，分析其共性特征。
   - 输出：帕累托曲线图及头部省份清单。

优劣势对比与选择建议

方法	优势	劣势	推荐场景
结构分析	揭示区域差异，政策导向明确	依赖外部分类标准	需快速定位区域失衡问题
分位数分层	量化头部效应，简化决策优先级	阈值依赖性高	需明确人口层级分布
帕累托分析	聚焦核心矛盾，快速支持决策	忽略长尾细节	需识别关键影响省份

最终推荐：

- 若资源有限且需快速输出结论：**优先结构分析 + 帕累托分析**。
- 若需深入解析人口分布细节：**补充分位数分层分析**。

总结： 通过结构分析与分位数分层完成现状描述，再通过帕累托分析诊断核心矛盾，三者结合可系统回答"哪里失衡"和"为何失衡"，为政策制定提供完整依据。

图 3.24　分析结果（续）

（3）结果修正。如果对于以上结果比较满意，则可以直接选择本次推荐的分析方法进行数据分析；如果不满意，则可以让 DeepSeek 进行修正。例如，输入提示词"不采用帕累托分析,请再次推荐"，最终生成的分析方法推荐如图 3.25 所示。

2021年全国人口数据分析报告-结构化分析

推荐分析方法及实施步骤（替代帕累托分析）

基于2021年各省人口数据的描述性统计结果（右偏分布、高离散性），以下推荐三种分析方法，分别聚焦现状分析与诊断分析，并替换帕累托分析为细分分析：

1. 现状分析：结构分析（区域分组对比）

方法说明：
将全国省份按东、中、西部三大区域划分（或按经济带细分），计算各组平均人口、总人口占比及离散程度，对比区域间差异。

操作示例：
- 区域划分：
  - 东部：北京、天津、河北、上海、江苏、浙江、福建、山东、广东、海南
  - 中部：山西、安徽、江西、河南、湖北、湖南
  - 西部：内蒙古、广西、重庆、四川、贵州、云南、西藏、陕西、甘肃、青海、宁夏、新疆
- 计算指标：各组平均人口、人口总量占比、区域内标准差。

优势：
- 直观呈现区域失衡：揭示东部地区人口集中现象（如东部省份平均人口显著高于中西部）。
- 政策导向明确：为区域协调发展提供直接依据（如加强中西部基础设施建设）。

劣势：
- 依赖外部分类标准：区域划分可能掩盖省内差异（如广东省内珠三角与非珠三角地区）。
- 静态视角：需结合时间数据动态观察变化趋势。

推荐理由：
- 当前数据极差大（12318万），右偏分布明显，结构分析能直接量化区域差异，符合"先现状后诊断"的逻辑。

2. 现状分析：分位数分层（人口规模层级）

方法说明：
按人口数值分位数（如四分位数）将省份划分为"低、中、高"人口层级，统计各层级省份数量及人口总量占比。

操作示例：
- 分层标准（基于31个省份）：
  - 低人口层级：Q1以下（<2422万人，如青海、西藏等8省）
  - 中人口层级：Q1-Q3（2422万-6601万人，如重庆、吉林等15省）
  - 高人口层级：Q3以上（>6601万人，如广东、山东等8省）
- 统计结果：高人口层级省份占比26%，但人口总量占比超50%。

优势：
- 量化头部效应：明确少数省份主导整体人口分布的现状。
- 简化决策优先级：快速识别需重点关注的"高人口省份"。

劣势：
- 阈值依赖性强：分层标准可能影响结论（如调整分位数会改变层级划分）。
- 忽略内部差异：同一层级内仍有较大波动（如广东1.26亿 vs 山东1.02亿）。

推荐理由：
- 数据离散系数高达125%，分位数分层能清晰展示人口分布的"金字塔结构"，为后续诊断提供基础框架。

图 3.25　修正后结果

3. 诊断分析：细分分析（多维属性拆解）

方法说明：
基于人口以外的属性（如地理特征、经济水平、资源禀赋），对省份进行多维度细分，探究人口分布差异的潜在驱动因素。

操作示例：

- 细分维度：
  - **地理属性**：沿海 vs 内陆、平原 vs 山区。
  - **经济水平**：高GDP省份（如广东、江苏）vs 低GDP省份（如青海、西藏）。
  - **资源类型**：资源型省份（山西、内蒙古）vs 服务业主导省份（上海、北京）。
- **对比分析**：计算各组平均人口，验证经济发达地区是否显著吸引更多人口。

优势：

- **多维度归因**：结合经济、地理等外部因素，解释人口集中或流失的原因（如沿海地区经济优势吸引人口）。
- **灵活性强**：可根据数据可用性选择细分维度（如若无GDP数据，可仅按地理划分）。

劣势：

- **依赖外部数据**：需补充经济、地理等关联信息，否则结论单薄。
- **复杂性高**：多维度交叉分析可能增加解读难度。

推荐理由：

- 当前数据的高离散性可能由经济或地理因素驱动，细分分析能直接关联人口分布与外部变量，诊断失衡根源。

实施顺序与综合建议

1. **第一步：结构分析（现状分析）**
   - 目标：宏观掌握东、中、西部人口分布差异。
   - 输出：区域对比图表（如柱状图显示各组平均人口）。
2. **第二步：分位数分层（现状分析）**
   - 目标：细化人口规模层级，识别头部省份。
   - 输出：人口金字塔图或分层占比表格。
3. **第三步：细分分析（诊断分析）**
   - 目标：通过多维度拆解，诊断人口分布差异的驱动因素。
   - 输出：分组对比表格或热力图（如"经济水平-人口规模"关联图）。

优劣势对比与选择建议

方法	优势	劣势	推荐场景
结构分析	揭示区域差异，政策导向明确	依赖外部分类标准	需快速定位区域失衡问题
分位数分层	量化头部效应，简化决策优先级	阈值依赖性高	需明确人口层级分布
细分分析	多维度归因，解释驱动因素	需补充外部数据	需诊断人口集中或流失原因

最终推荐：

- 若可获取经济或地理数据：**优先结构分析 + 细分分析**，深入诊断失衡根源。
- 若仅有人口数据：**补充分位数分层分析**，明确优先级后通过调研补充外部信息。

总结：通过结构分析与分位数分层完成现状描述，再通过细分分析关联外部变量，系统回答"哪里失衡"和"为何失衡"，为制定差异化政策（如经济扶持、资源调配）提供科学依据。

图 3.25　修正后结果（续）

3.2.5 小结

DeepSeek 可以辅助选择合适的分析方法,但是其给出的建议需要甄别,在有多条建议的情况下选择最合适的。如果只有一条建议,则根据研究目的判断是否能够达到我们的要求。

3.3 DeepSeek 数据快速统计分析

数据统计是对数据进行收集、整理、分析和解释的过程,旨在通过数据揭示事物的特征、规律和趋势。数据统计为决策提供依据,是数据分析的基础,涵盖数据从原始状态到提炼出有价值的信息的全过程。数据明细是没有价值的,必须采用科学的统计方法对数据进行不同维度的统计,才能观察到数据背后隐藏的商业价值,因此数据统计对于数据分析而言极为重要。数据统计分析常用的方法有函数法和数据透视表。

3.3.1 常用分析函数

在数据分析领域,统计函数是处理和理解数据集的关键工具。统计函数可以根据特定的统计方法对数据集进行计算和分析,从而帮助用户提取有价值的信息。数据统计函数通常分为三类:集中趋势统计函数、离散程度统计函数和数据汇总函数。以下是对这三类函数的详细介绍,包括它们的定义、常用函数及其应用场景。

1. 集中趋势统计函数

(1)平均数:平均数是最常见的集中趋势指标,它通过将所有数据点的值相加,然后除以数据点的数量进行计算。平均数可以反映数据的总体水平,但容易受到极端值的影响。

▶ 平均数具有以下特性:

• 敏感性:平均数对数据中的每个值都很敏感,任何一个数据点的变化都会影响平均数的值。

• 易受极端值影响:如果数据中存在极端值(非常大或非常小的值),平均数可能会被拉向这些极端值,从而不能很好地代表数据的集中趋势。

▶ **Excel 中的函数用法**：average(数据范围)。

（2）中位数：中位数是将一组数据按照大小顺序排列后，位于中间位置的数值。中位数不受极端值的影响，能够更好地反映数据的中间水平。

▶ **中位数具有以下特性**：

• 稳健性：中位数不受数据中极端值的影响，对于偏态分布的数据，中位数往往比平均数更能反映数据的集中趋势。

• 位置居中：中位数将数据分为两部分，其中一半的数据小于或等于中位数，另一半大于或等于中位数。

▶ **Excel 中的函数用法**：median(数据范围)。

（3）众数：众数是一组数据中出现次数最多的数值。它用于描述数据中最常见的值，适用于分类数据和数值数据。一组数据中可以有一个众数，也可以有多个众数，或者没有众数。

▶ **众数具有以下特性**：

• 适用于分类数据：众数不仅可以用于数值数据，还可以用于分类数据，能够反映数据中最常见的类别或值。

• 可能不唯一：一组数据中可能存在多个众数，也可能没有众数。如果有多个众数，说明数据中存在多个常见的值或类别。

▶ **Excel 中的函数用法**：mode(数据范围)。

2. 离散程度统计函数

（1）极差：极差也称为全距，是一组数据中最大值与最小值的差。它反映了数据的总体波动范围，计算简单，但容易受到极端值的影响，常用于对数据的总体波动范围有一个快速的了解。例如，在质量控制中，用于监测生产过程中的产品尺寸波动范围。

▶ **极差具有以下特性**：

• 计算简单：只需要找到数据中的最大值和最小值，然后相减即可。

• 易受极端值影响：如果数据中存在极端值，则极差会变得很大，不能准确反映数据的离散程度。

▶ **Excel 中的函数用法**：max(数据范围)–min(数据范围)。

（2）方差：方差是各数据点与平均数之差的平方的平均数。方差越大，表示数据的离散程度越高；方差越小，表示数据的离散程度越低。方差被广泛应用于金融、科学实验、社会调查等领域，用于评估风险、测量实验误差、分析社会现象等。

▶ **方差具有以下特性：**

• 考虑所有数据点：方差的计算涉及所有数据点，能够全面反映数据的离散情况。

• 平方运算：由于采用了平方运算，方差的单位是原数据单位的平方，这在解释时可能不太直观。

▶ **Excel 中的函数用法：** var.p(数据范围) / var.s(数据范围)。其中，var.p 用于计算总体方差，var.s 用于计算样本方差。

（3）标准差：标准差是方差的平方根，与方差相比，标准差的单位与数据本身的单位一致，更直观地反映了数据的离散程度。标准差在金融、质量控制、教育评估等领域都有广泛应用，如评估投资风险、控制产品质量、分析学生成绩分布等。

▶ **标准差具有以下特性：**

• 直观性：标准差的单位与原数据一致，便于理解和解释。

• 广泛应用：标准差是统计分析中最常用的离散程度指标之一，适用于各种类型的数据。

▶ **Excel 中的函数用法：** stdev.p(数据范围) /stdev.s(数据范围)。其中，stdev.p 用于计算总体标准差，stdev.s 用于计算样本标准差。

（4）四分位差：四分位差是上四分位数（Q3）与下四分位数（Q1）之差，反映了数据中间 50% 的离散情况。

▶ **四分位差具有以下特性：**

• 稳健性：四分位差不受极端值的影响，对于含有异常值的数据集，四分位差能更准确地反映数据内部的离散程度。

• 反映中间数据的离散情况：四分位差只考虑了中间 50% 的数据，对于分析数据主体部分的离散情况较为有效。

▶ **Excel 中的函数用法：** Q3–Q1。想要计算四分位差，先要计算四分位数，四分位数的计算函数为 quartile.exc(数据范围 ,n)。其中，$n=1，2，3，\cdots$。

3. 数据汇总函数

（1）求和函数。常用的求和函数为 sum，与其功能相似的还有 sumif 函数和 sumifs 函数。其中，sum 函数用于计算一组数值的总和；sumif 函数用于对满足特定条件的单元格区域进行求和；sumifs 函数用于对满足多个条件的单元格区域进行求和。

Excel 中的函数用法如下：

- sum(数据集)。
- sumif(数据集 , 条件值 , 求和范围)（单条件求和）。
- sumifs(求和范围 , 条件范围 1, 条件值 1, 条件范围 2, 条件值 2,…)（多条件求和）。

（2）计数函数。count 函数用于计算包含数值的单元格的数量，与其功能相似的还有 countif 函数和 countifs 函数。其中，count 函数是最基本的计数函数，不涉及任何条件，直接对指定的值或区域中的数值型数据进行计数。countif 函数在 count 的基础上增加了条件判断，能够对满足单个条件的区域进行计数。countifs 函数功能更强大，能够对满足多个条件的区域进行计数，条件之间是逻辑"与"的关系。

Excel 中的函数用法如下：

- count(数据集)。
- countif(条件范围 , 条件值)（单条件计数）。
- countifs(条件范围 1, 条件值 1, 条件范围 2, 条件值 2,…)（多条件关系计数）。

（3）均值函数。average 函数是计算数值平均数的函数，与其功能相似的还有 averageif 函数和 averageifs 函数。其中，average 函数计算一组数值的算术平均数；averageif 函数计算满足单个条件的单元格的平均数；averageifs 函数计算满足多个条件的单元格的平均数。

Excel 中的函数用法如下：

- average(数据集)。
- averageif(条件范围 , 条件值 , 求平均范围)（单条件求平均值）。
- averageifs(求平均范围 , 条件范围 1, 条件值 1, 条件范围 2, 条件值 2,…)

（多条件求平均值）。

（4）最大值函数。max 函数是计算一组数据中最大值的函数，与其功能相似的还有 maxifs 函数。其中，max 函数返回一组数值中的最大值；maxifs 函数返回满足一个或多个条件的单元格中的最大值。

Excel 中的函数用法如下：

- max(数据集)。
- maxifs(求最大范围, 条件范围 1, 条件值 1, 条件范围 2, 条件值 2,…)（多条件求最大值）。

（5）最小值函数。min 函数是计算一组数据中最小值的函数，与其功能相似的还有 minifs 函数。其中，min 函数返回一组数值中的最小值；minifs 函数返回满足一个或多个条件的单元格中的最小值。

Excel 中的函数用法如下：

- min(数据集)。
- minifs(求最大范围, 条件范围 1, 条件值 1, 条件范围 2, 条件值 2,…)（多条件求最小值）。

3.3.2 快速统计函数的方法

了解了数据分析中常用的函数，在日常的工作中，在 DeepSeek 的助力下，工作门槛被大大降低。这里介绍三种快速统计函数的方法，分别是使用 DeepSeek 官网进行统计、使用 OfficeAI 内嵌 DeepSeek 进行统计和使用 Excel 函数进行统计。

1. 使用 DeepSeek 官网进行统计

（1）上传文件到 DeepSeek 官网，选择"深度思考（R1）模式"，如图 3.26 所示。

（2）输入提示词"以上为 2021 年人口数据，请计算全国人口的平均数、中位数、众数，并显示函数"，如图 3.27 所示。

第 3 章 数据分析与可视化

图 3.26　上传文件

图 3.27　分析结果

（3）针对 DeeSeek 给出的函数和结果，对其进一步优化，将分析结果以表格的形式输出。输入提示词"请将统计结果、函数和计算过程制作成表格，方便直接复制"，如图 3.28 所示。

图 3.28　优化结果

（4）如果想要进一步学习函数，可以将函数复制并粘贴到 Excel 中。在原表中输入指标名称（见图 3.29），然后输入函数（见图 3.30），即可获得函数计算的结果，如图 3.31 所示。

图 3.29　输入指标名称　　图 3.30　输入函数　　图 3.31　获得结果

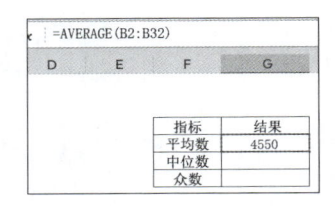

2. 使用 OfficeAI 内嵌 DeepSeek 进行统计

（1）在"OfficeAI 助手"对话框中输入提示词"请计算一下 [人口数] 中各省份 [平均人口]，结果放在 E2 处"，如图 3.32 所示。

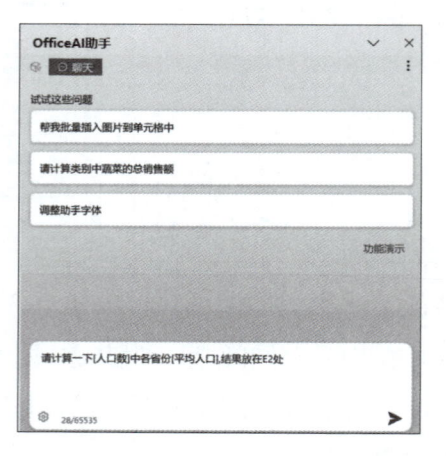

图 3.32　输入提示词

（2）OfficeAI 经过推理，采用函数的方式将计算结果输出到 E2 单元格，并提示"相关公式应用成功"，如图 3.33 所示。

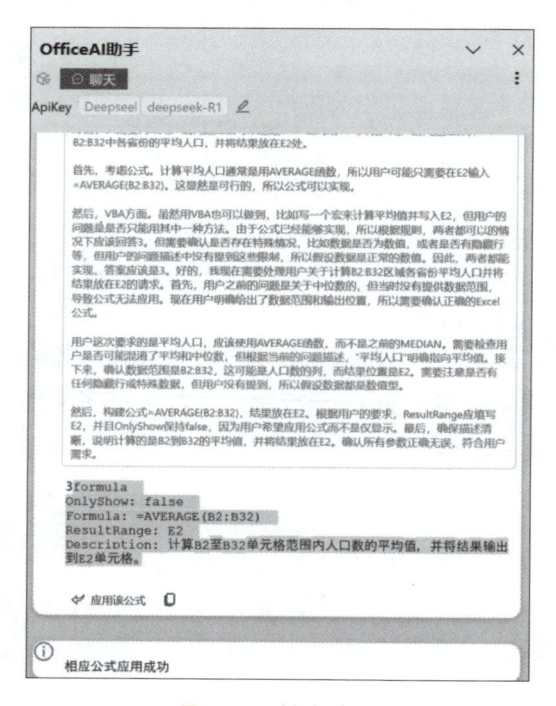

图 3.33　输出结果

第 3 章 数据分析与可视化

（3）在 E2 单元格查看结果及公式，如图 3.34 所示。

图 3.34　查看输出结果

（4）同样的方法，输入提示词"请利用函数计算 [人口数] 中各省份 [中位数]，结果放在 F2 处""请利用函数计算 [人口数] 中各省份 [众数]，结果放在 G2 处"，输出结果如图 3.35 和图 3.36 所示。

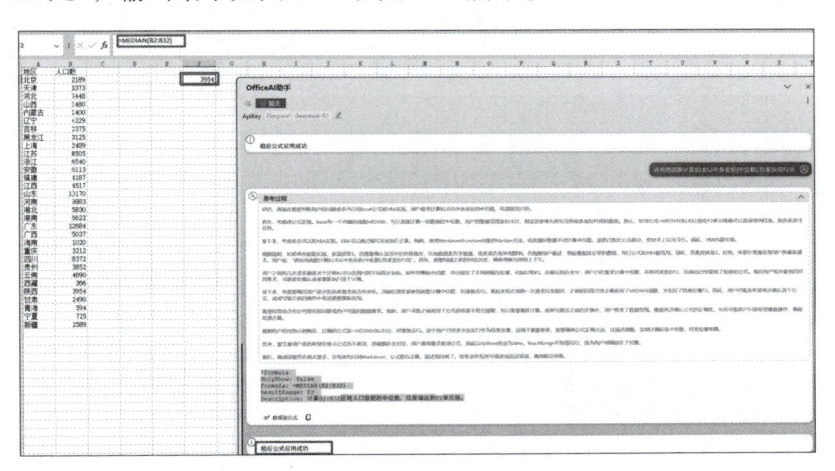

图 3.35　计算中位数

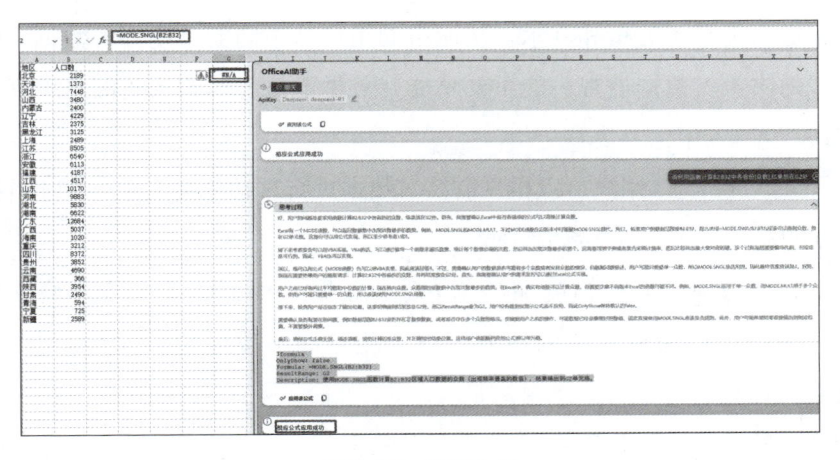

图 3.36　计算众数

3. 使用 Excel 函数进行统计

使用 Excel 函数直接统计要求使用者对 Excel 中的函数十分熟悉，适合 Excel 熟练用户。具体操作步骤如下。

指标	结果
平均数	
中位数	

图 3.37　建立指标

（1）建立各个指标，如图 3.37 所示。

（2）输入"=AVERAGE()"，选择合适的函数，然后选择需要计算平均数的数据区域，如图 3.38 所示。

（3）按 Enter 键获得输出结果，如图 3.39 所示。

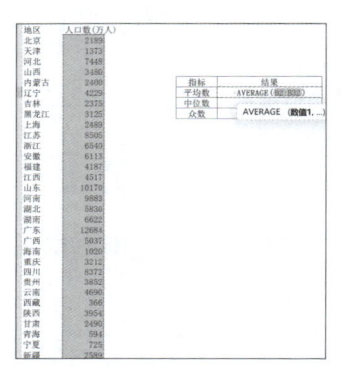

图 3.38　输入函数及选择区域

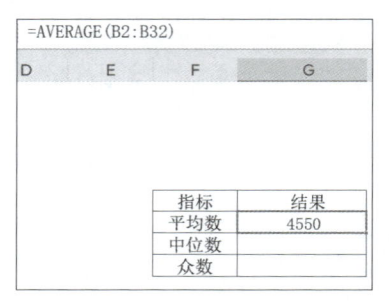

图 3.39　输出结果

3.3.3　数据透视表介绍

数据透视表（Pivot Table）是数据分析领域中一种功能强大的工具，广泛应用于电子表格软件，如 Microsoft Excel。它允许用户通过拖放操作快速对大量数据进行汇总、分析和展示，从而帮助用户从不同的角度理解数据，作出更明智的决策。数据透视表的主要功能有数据汇总、动态调整汇总维度和汇总方式、多维分析。

（1）数据汇总：用户可以根据需要对数据进行自动分类汇总，快速得到各类数据的总计、平均数等统计信息。

（2）动态调整汇总维度和汇总方式：数据透视表的最大特点是具有灵活性。用户可以通过简单的拖放操作，随时调整数据的布局和汇总方式，无须重新计算。

（3）多维分析：支持从多个维度对数据进行分析，用户可以将不同的字段拖放到行、列、值等区域，从而生成各种交叉表，深入挖掘数据之间的关系。

1. 数据透视表页面介绍

数据透视表页面主要包括报表生成区、字段列表和字段设置区三个部分，如图3.40所示。

（1）报表生成区：这是数据透视表的主要显示区域，展示了经过汇总和计算后的数据。

（2）字段列表：位于数据透视表选项卡的右侧，包含了数据源中的所有字段。用户可以将这些字段拖动到报表生成区的不同区域，以实现数据的汇总和计算。

（3）字段设置区：用于设置字段的汇总方式和格式。用户可以将字段拖放到筛选器、行、列、值等不同区域，并根据需要调整其顺序和汇总方式。

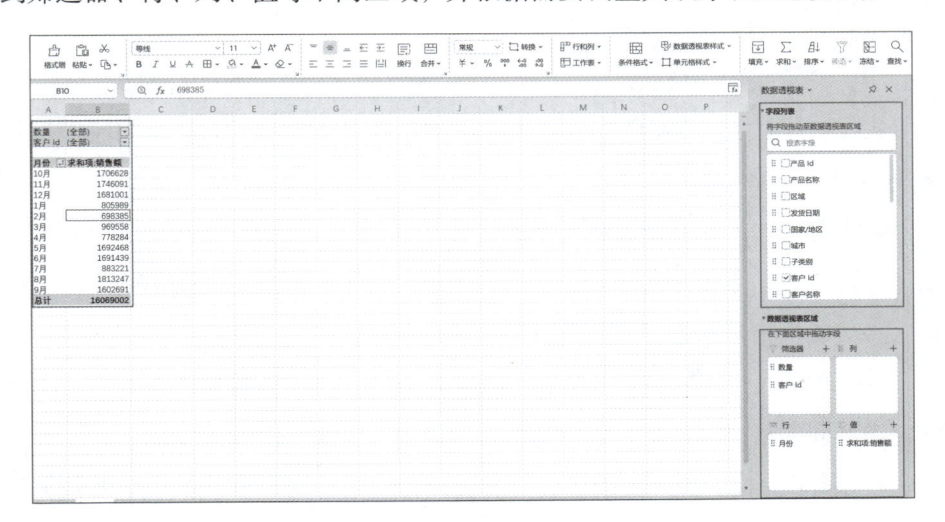

图 3.40　数据透视表页面

2. 数据透视表常用分析功能

数据透视表提供了多种分析功能，可以帮助用户从不同角度深入理解数据，其常用的分析功能有以下几种。

（1）数据汇总与分类。

- 自动分类汇总：数据透视表可以自动根据用户指定的分类字段对数据进

行汇总，快速得到各类数据的总计、平均数、最大值、最小值等统计信息。

• 多级分类汇总：支持按照多个字段进行多级分类汇总，逐层深入分析数据。例如，先按地区汇总销售额，再在地区内按产品类别进一步汇总。

（2）数据筛选与排序。

• 灵活的数据筛选：用户可以通过设置筛选条件，快速筛选出符合特定要求的数据子集进行分析。

• 多字段排序：支持根据多个字段进行排序，满足更复杂的排序需求。例如，先按销售额降序排列，再按利润升序排列。

（3）数据分组与聚合。

• 数据分组：将连续的数值数据或时间序列数据按照一定的间隔或类别进行分组，便于从更宏观的角度分析数据的整体分布和趋势。

• 自定义分组：用户可以根据实际需求自定义分组的方式和范围，灵活地对数据进行分类和汇总。

（4）计算字段与公式。

• 添加计算字段：在数据透视表中添加新的计算字段，基于现有字段进行更复杂的计算和分析。

• 使用公式：利用公式对数据透视表中的数据进行进一步的计算和处理，如计算百分比、增长率等指标。

（5）条件格式与数据可视化。

• 条件格式：根据数据的大小、趋势等条件，自动为数据透视表中的单元格应用不同的格式，如颜色、字体等，直观地突出显示重要数据。

• 与图表结合：将数据透视表与图表结合使用，将数据透视表中的数据以直观的图表形式展示出来，更清晰地呈现数据之间的关系和趋势。

（6）数据钻取与联动。

• 数据钻取：在汇总数据和明细数据之间进行切换，用户可以先查看整体的汇总数据，再逐步钻取到更详细的数据层面，深入了解数据的细节。

• 多表联动分析：当数据透视表的数据源是多个相关联的表格时，可以通过设置关联字段，实现多表之间的联动分析，综合多个数据源的信息进行更全面的分析。

（7）数据趋势分析。

• 时间序列分析：对于包含时间序列的数据，数据透视表可以按照时间顺序对数据进行排列和汇总，方便用户观察数据随时间的变化趋势，如月度销售额趋势、年度利润增长趋势等。

• 环比与同比分析：通过计算相邻时间段数据的环比增长率，以及与去年同期数据的同比增长率，深入了解数据在不同时间维度上的变化情况。

（8）数据占比分析。

• 整体占比分析：计算各数据项在整体数据中的占比，了解各部分在总体中的相对重要性。例如，计算不同产品在总销售额中的占比，分析产品的销售贡献。

• 分组占比分析：在数据分组的基础上，计算各组内数据项的占比，分析组内数据的分布情况。例如，按地区分组后，计算各地区内不同产品销售额的占比，了解各地区的产品销售结构。

3. 数据透视表优劣势

（1）数据透视表的优势。数据透视表具有高效、直观、灵活的优势。

• 高效性：能够快速处理大量数据，大大节省了数据处理时间。

• 直观性：以直观的表格形式展示数据，便于用户理解和分析。

• 灵活性：用户可以随时调整数据的布局和汇总方式，适应不同的分析需求。

（2）数据透视表的劣势。数据透视表的劣势很明显，主要在于对初学者而言，其操作相对复杂，尤其是其中一些公式的设定，让很多初学者望而却步。

复杂性：对于一些复杂的分析需求，数据透视表可能无法满足，需要结合其他数据分析工具或函数来完成。

3.3.4 数据透视表应用快速统计

前面介绍了数据透视表的一些重要功能，这里我们介绍三种创建并使用数据透视表的方法，分别是通过 DeepSeek 官网创建数据透视表、通过 OfficeAI 内嵌 DeepSeek 创建数据透视表和通过 Excel 手动创建数据透视表。

1. 通过 DeepSeek 官网创建数据透视表

（1）上传"销售明细 2019"文件到 DeepSeek 官网，如图 3.41 所示。

图 3.41　上传数据

（2）输入提示词"文件为销售明细，请利用数据透视表的统计分析能力，计算出每个区域的销售额及占比，区域下每个省/自治区的销售额及占比"，如图 3.42 所示。

图 3.42　输入提示词

（3）DeepSeek 的输出结果如图 3.43 所示。

各区域及省份销售额与占比分析

以下是基于**销售明细2019.xlsx**的数据，通过数据透视表生成的统计分析结果：

1. 各区域销售额及占比

区域	销售额（¥）	占总销售额的百分比
中南	148,632	32.5%
华东	136,789	29.9%
西北	98,456	21.5%
东北	45,217	9.9%
华北	22,345	4.9%
西南	5,678	1.3%
总计	457,117	100%

图 3.43　输出结果

2. 各区域下省/自治区销售额及占比

(1) 中南地区

省份	销售额（¥）	占中南地区的百分比
湖南	48,200	32.4%
广东	35,670	24.0%
湖北	28,450	19.1%
广西	20,890	14.1%
河南	15,422	10.4%

(2) 华东地区

省份	销售额（¥）	占华东地区的百分比
上海	42,300	30.9%
江苏	35,670	26.1%
浙江	28,900	21.1%
山东	20,450	15.0%
福建	9,469	6.9%

(3) 西北地区

省份	销售额（¥）	占西北地区的百分比
陕西	52,100	52.9%
甘肃	32,450	32.9%
新疆	13,906	14.2%

(4) 东北地区

省份	销售额（¥）	占东北地区的百分比
黑龙江	28,450	62.9%
辽宁	12,340	27.3%
吉林	4,427	9.8%

(5) 华北地区

省份	销售额（¥）	占华北地区的百分比
河北	9,870	44.2%
北京	7,450	33.4%
天津	3,025	13.5%
内蒙古	2,000	9.0%

(6) 西南地区

省份	销售额（¥）	占西南地区的百分比
四川	3,200	56.4%
重庆	1,890	33.3%
云南	588	10.3%

分析说明：

1. **区域销售额分布**：中南和华东地区贡献了超过 **60%** 的总销售额，是主要的销售市场。
2. 省份表现：
   - 陕西（西北）、湖南（中南）、上海（华东）是各自区域内销售额最高的省份。
   - 黑龙江（东北）和 四川（西南）在各自区域中占据主导地位。
3. 建议：可针对低占比区域（如西南）制定促销策略，提升市场渗透率。

图 3.43 输出结果（续）

通过上述输出结果可以看出，DeepSeek 虽然无法输出数据透视表文件，但它可以直接输出统计结果，其操作过程相对简单。因此，对于想要学习数据透视表操作的初学者来说，是一个不错的学习途径。

2. 通过 OfficeAI 内嵌 DeepSeek 创建数据透视表

（1）创建新的数据透视表，对字段进行简单的求和计算。

第一步：在"销售明细"表中，启动"OfficeAI 助手"右侧面板，在对话框中输入提示词"基于 [销售明细表] 中的销售数据创建数据透视表，行字段为 [产品名称]，值字段为 [销售额]，放置在新工作表中"，如图 3.44 所示。

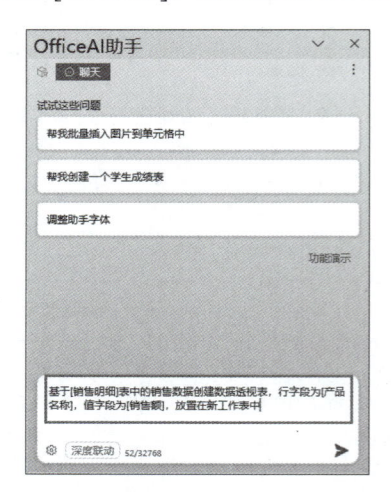

图 3.44　输入提示词

第二步：DeepSeek 的推理过程如图 3.45 所示。

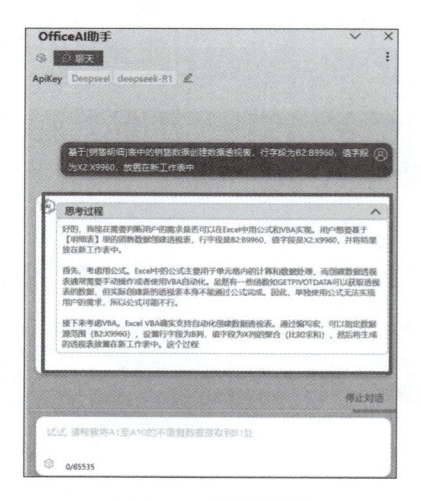

图 3.45　推理过程

第三步：DeepSeek 推理完成。DeepSeek 启用了 VBA，利用 VBA 创建了动态的数据透视表，如图 3.46 所示。

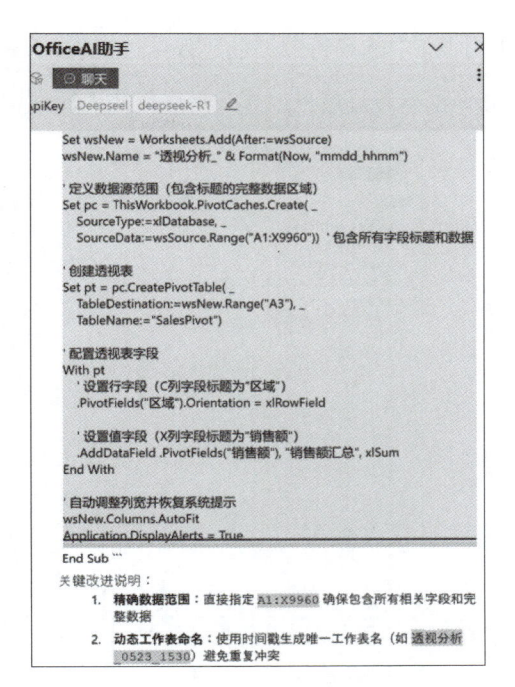

图 3.46　推理结果

第四步：生成一个新的工作表"透视表按照[区域]统计的销售额"，如图 3.47 所示。

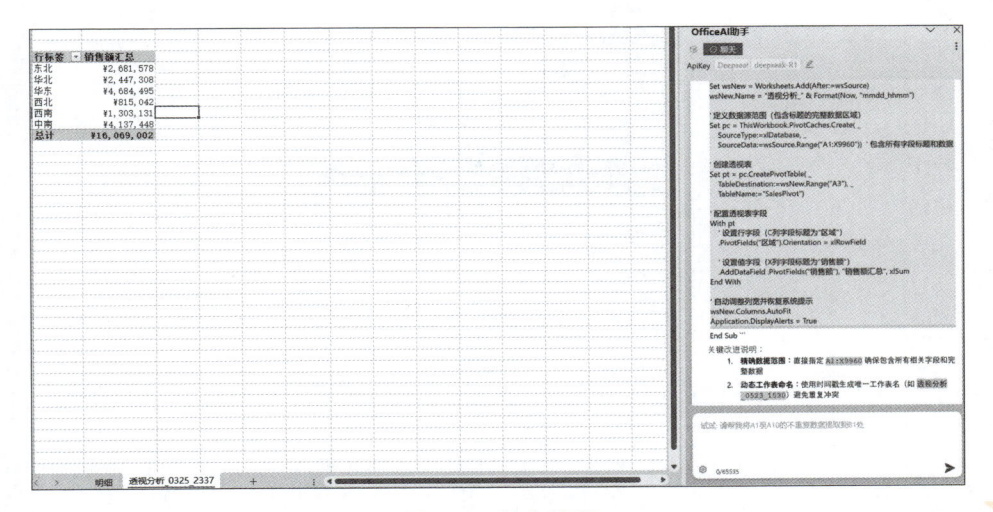

图 3.47　输出结果

（2）创建新的数据透视表，计算值字段占比。

第一步：在"销售明细"表中启动"OfficeAI 助手"右侧面板，在对话框中输入提示词"基于 [明细] 中的销售数据创建数据透视表，行字段为 [区域]，值字段为 [销售额]，汇总方式为总计百分比，放置在新工作表中"，如图 3.48 所示。

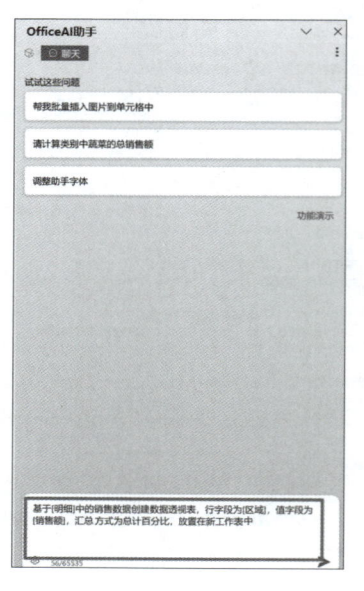

图 3.48　输入提示词

第二步：DeepSeek 的推理过程如图 3.49 所示。

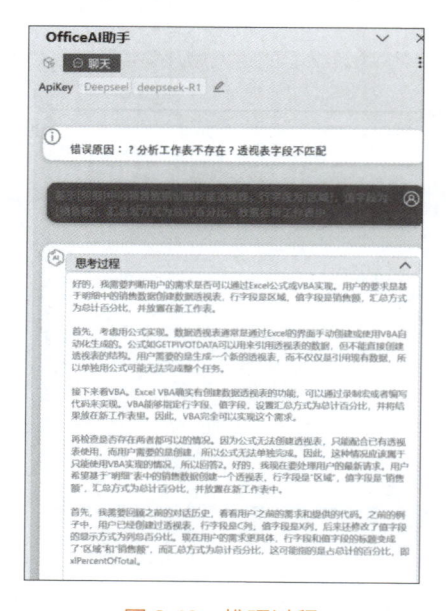

图 3.49　推理过程

第三步：DeepSeek 推理完成。DeepSeek 启用了 VBA，利用 VBA 创建了动态的数据透视表，如图 3.50 所示。

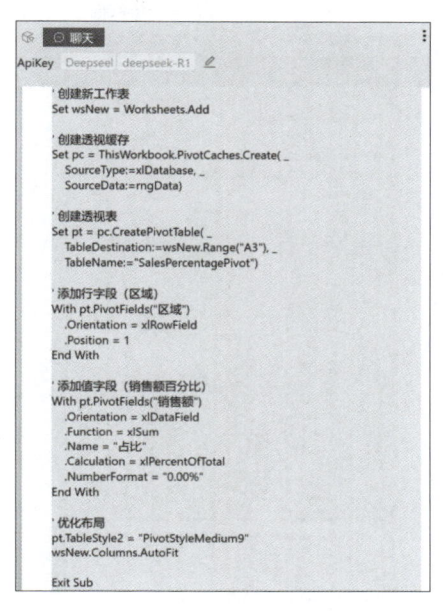

图 3.50　推理完成

第四步：生成一个新的工作表"透视表按照 [区域] 计算销售额占比"，如图 3.51 所示。

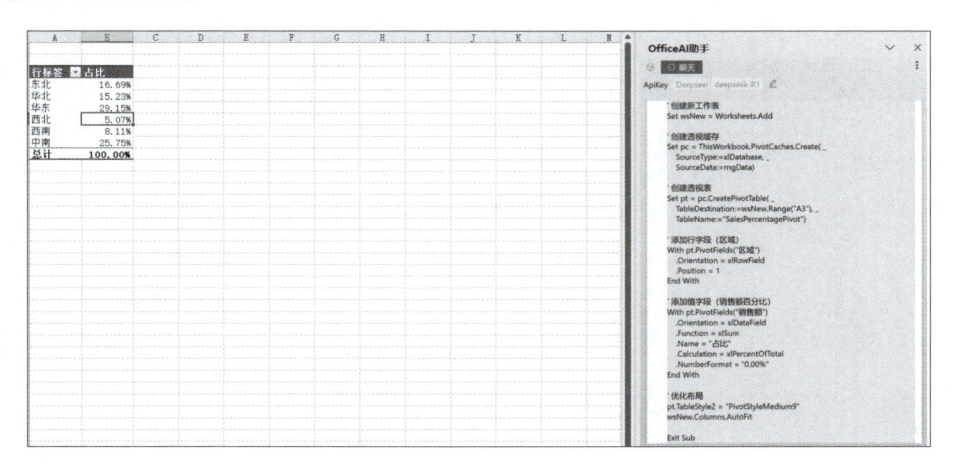

图 3.51　输出结果

（3）在销售额占比的数据透视表中，添加销售额汇总的字段。

第一步：在 Sheet2 表中，启动"OfficeAI 助手"右侧面板，在对话框中

115

输入提示词"基于 [Sheet2] 中的数据透视表，值字段新增 [销售额]，汇总方式为求和"，如图 3.52 所示。

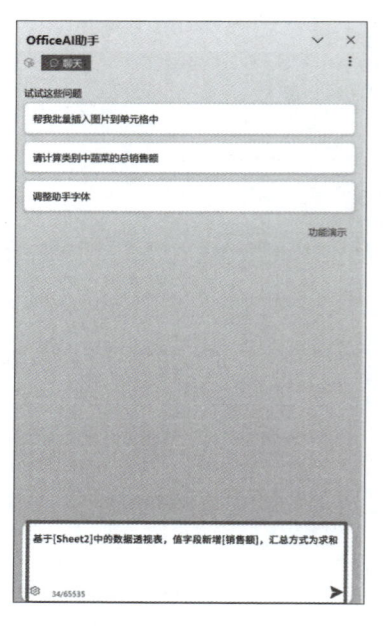

图 3.52　输入提示词

第二步：DeepSeek 将生成新的字段"销售额（合计）"，并添加到数据透视表的值字段中，如图 3.53 所示。

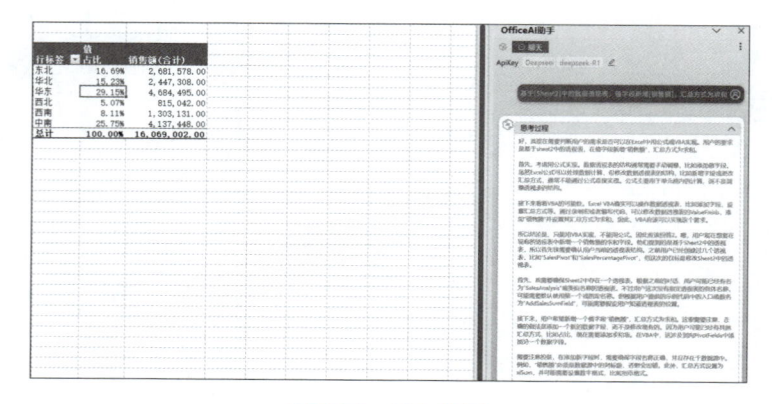

图 3.53　输出结果

（4）维度下钻：在数据透视表的行字段中添加新的字段。

第一步：在 Sheet2 表中，启动"OfficeAI 助手"右侧面板，在对话框中输入提示词"基于 [Sheet2] 中的数据透视表，行字段新增 [省 / 自治区]，放

在 [区域] 字段后面",如图 3.54 所示。

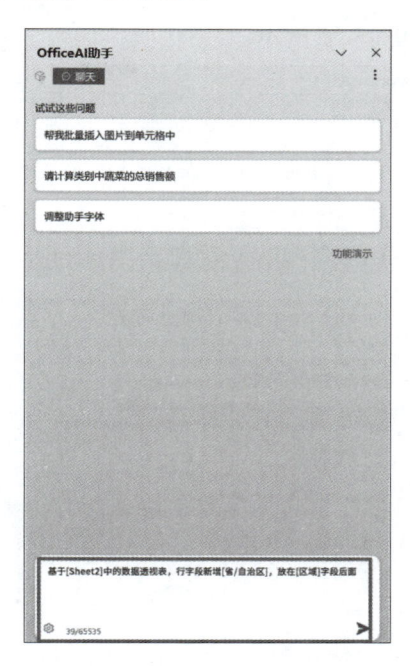

图 3.54　输入提示词

第二步：DeepSeek 的推理过程如图 3.55 所示。

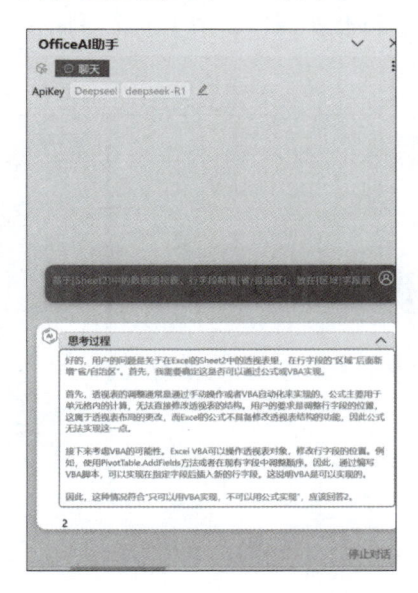

图 3.55　推理过程

第三步：DeepSeek 推理完成。DeepSeek 启用了 VBA，利用 VBA 添加新的字段到行字段中，如图 3.56 所示。

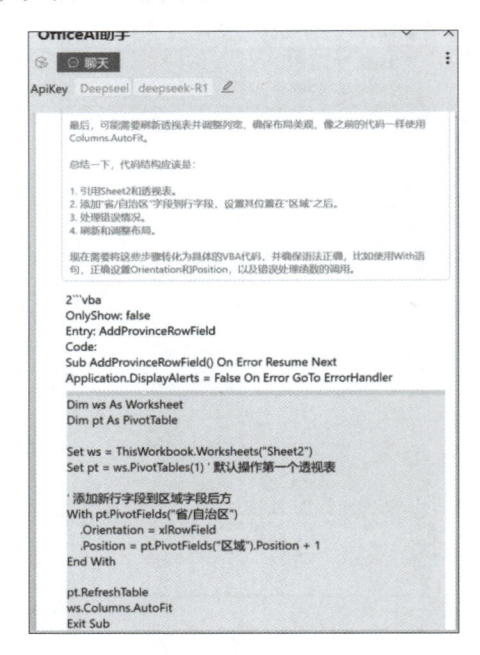

图 3.56　推理完成

第四步：数据透视表的行字段中新增了 [省 / 自治区] 字段，放置在 [区域] 字段之后，如图 3.57 所示。

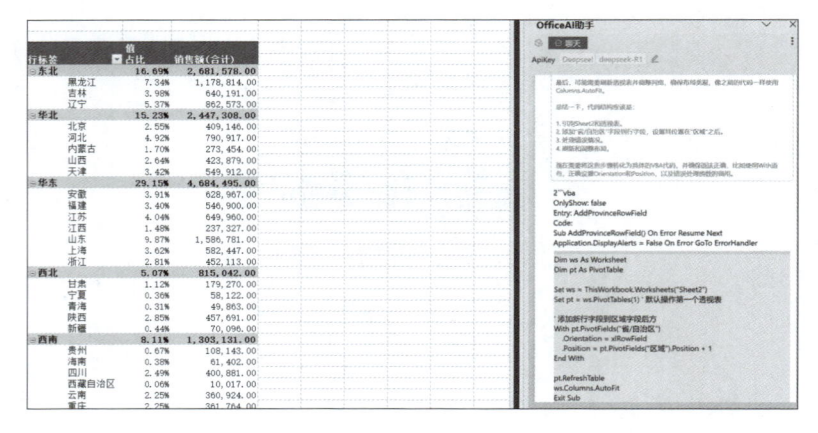

图 3.57　输出结果

（5）多维度、多字段计算。

第一步：在"明细"表中，启动"OfficeAI 助手"右侧面板，在对话框中

第 3 章　数据分析与可视化

输入提示词"基于[明细]表中的销售数据创建数据透视表,行字段为[区域]、[省/自治区],值字段为[销售额合计]、[销售额占比],放置在新工作表,命名为[透视分析]",如图 3.58 所示。

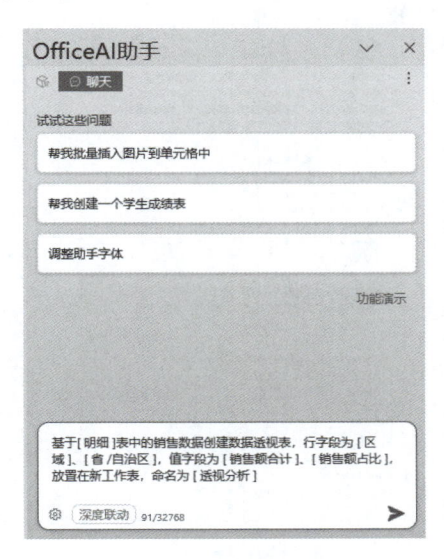

图 3.58　输入提示词

第二步：DeepSeek 的推理过程如图 3.59 所示。

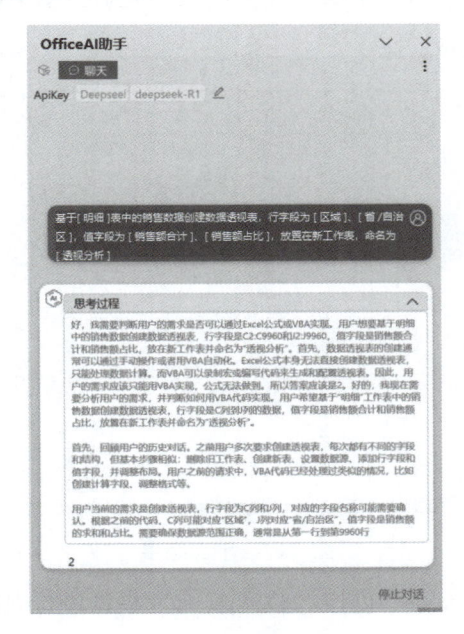

图 3.59　推理过程

助学答疑

119

第三步：DeepSeek 推理完成。DeepSeek 启用了 VBA，利用 VBA 创建数据透视表，如图 3.60 所示。

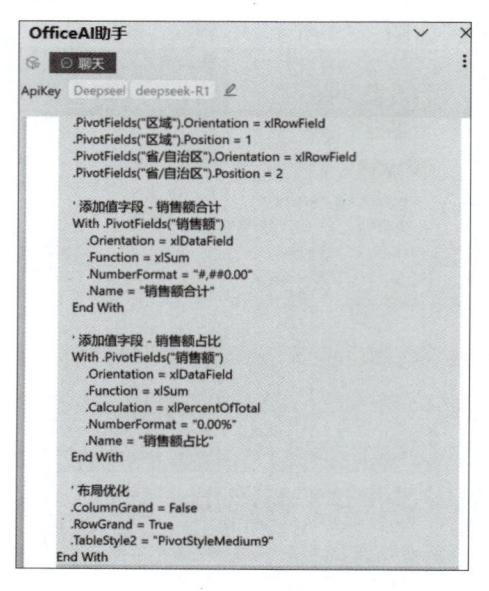

图 3.60　推理完成

第四步：新的数据透视表创建成功，行字段为 [区域] 和 [省 / 自治区]，值字段为 [销售额合计] 和 [销售额占比]，新的数据透视表被命名为 [透视分析]，如图 3.61 所示。

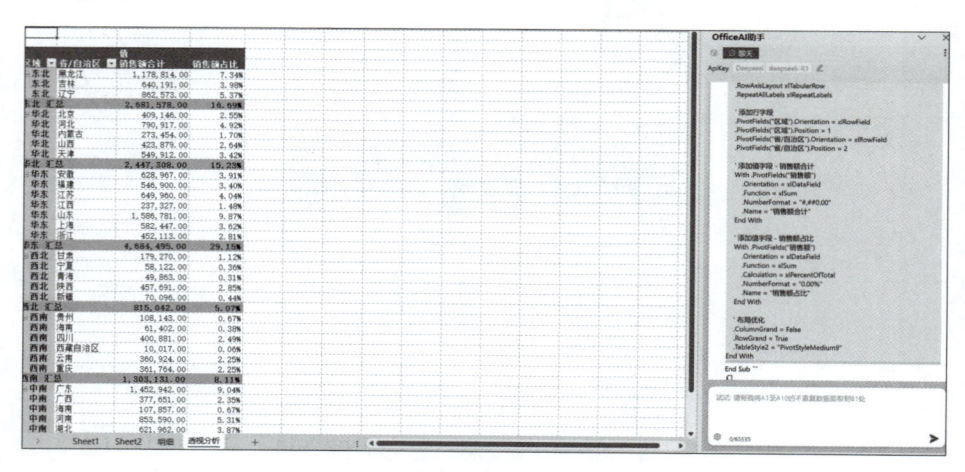

图 3.61　输出结果

以上是利用 OfficeAI 中内嵌的 DeepSeek 大模型进行数据透视表统计分析，可以看出，数据透视表的创建、下钻及字段计算方式的改变都是可以满足的。

3. 通过 Excel 手动创建数据透视表

（1）在 Excel 中打开"销售明细"表，在"插入"菜单中，选择"数据透视表"→"表格和区域"选项，如图 3.62 所示。

（2）在弹出的对话框中选择数据所在的区域，选中"新工作表"单选按钮，如图 3.63 所示。将数据透视表添加到新工作表中，如图 3.64 所示。

图 3.62　创建数据透视表入口

图 3.63　创建透视表

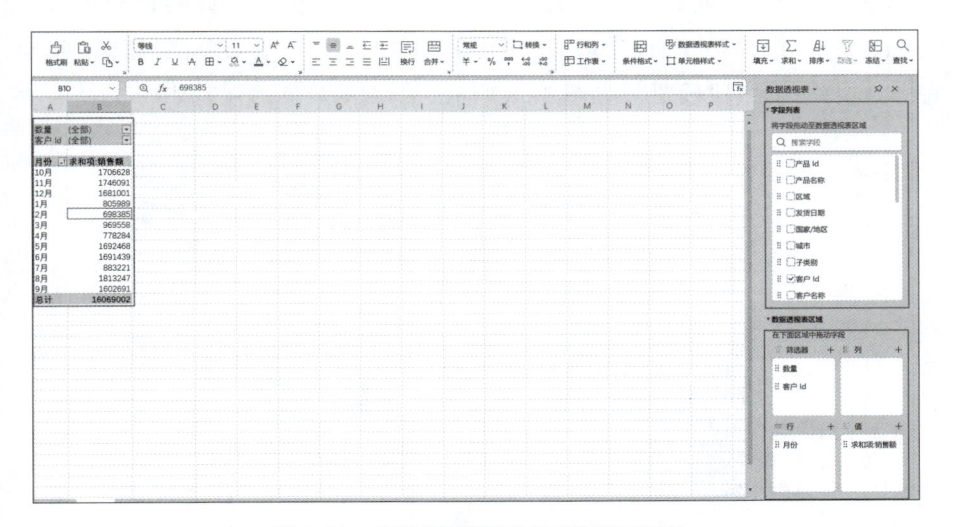

图 3.64　将数据透视表添加到新工作表

（3）将 [区域] 字段拖入 [行] 字段，[销售额] 字段拖入 [值] 字段，如图 3.65 所示。

（4）再次将 [销售额] 字段拖入 [值] 字段，如图 3.66 所示。

零基础玩转 DeepSeek：秒懂数据分析

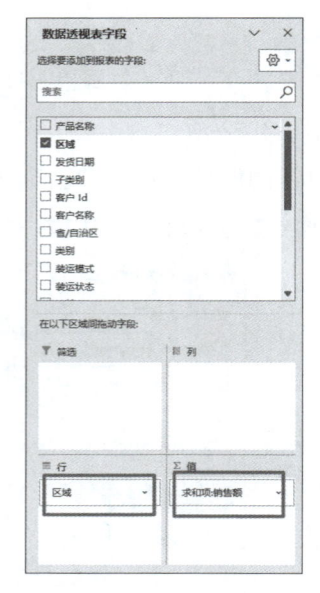

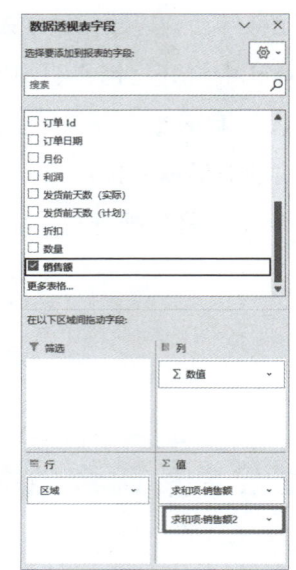

图 3.65　拖入字段　　　　图 3.66　新增字段

（5）在弹出的对话框中，修改"值显示方式"为"总计的百分比"，如图 3.67 所示，修改第二个 [销售额] 字段为"占比"。选中第二个 [销售额] 字段，右击，选择"值字段设置"，如图 3.68 所示。得到的数据透视表如图 3.69 所示。

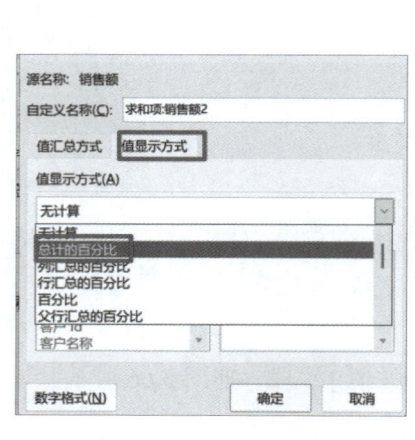

图 3.67　值显示方式　　　　图 3.68　值字段设置

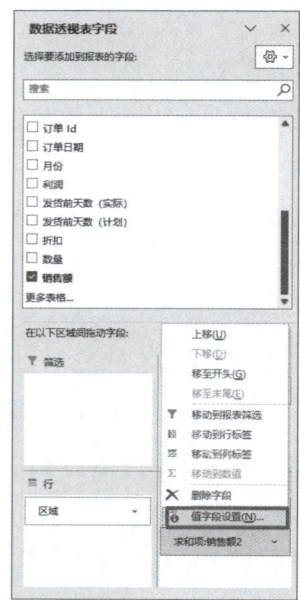

第 3 章 数据分析与可视化

行标签	求和项:销售额	求和项:销售额2
东北	¥85,671	18.89%
华北	¥78,858	17.39%
华东	¥103,807	22.89%
西北	¥30,485	6.72%
西南	¥30,574	6.74%
中南	¥124,199	27.38%
总计	¥453,594	100.00%

图 3.69　输出结果

3.3.5　小结

1. 函数和数据透视表的区别

函数和数据透视表是数据分析中两种重要的工具，它们在功能特性、操作方式和适用场景等方面存在一些区别，见表 3.6。

表 3.6　函数和数据透视表的区别

方　　面	函　　数	数据透视表
功能特性	用于执行特定的计算或操作，返回结果值	用于对数据进行快速汇总、分析和展示，提供动态的数据视图
操作方式	需要用户手动编写公式，输入函数名称和参数	通过用户界面进行操作，如拖放字段到行、列、值等区域
使用场景	适用于精确的计算和数据处理，如单个数据点的计算	适用于对大量数据进行快速汇总和多维分析，如整体数据的趋势和分布
灵活性	函数种类丰富，可通过嵌套等实现复杂计算	可灵活调整布局和汇总方式，适应不同的分析需求
结果展示	直接返回计算结果，通常为单个值或数组	以表格形式展示数据，可直观地呈现数据之间的关系

函数和数据透视表在数据分析中各有优势和适用场景。函数适用于需要精确计算和数据处理的场景，用户可以通过编写公式来实现各种复杂的计算。而数据透视表则更侧重于对大量数据的快速汇总和多维分析，通过简单的拖放操作即可生成动态的数据视图，帮助用户从不同角度理解数据。在实际应用中，用户可以根据具体需求选择合适的工具，或者结合两者的优势，以达

到更高效的数据分析效果。

2. DeepSeek 官网、OfficeAI 内嵌的 DeepSeek 大模型和 Excel 三种工具差异对比

通过以上对数据统计分析的应用可知，DeepSeek 官网、OfficeAI 内嵌的 DeepSeek 大模型、Excel 三种工具在使用上各具特点，具体见表 3.7。

表 3.7　三种工具特点对比

方面	DeepSeek 官网	OfficeAI 内嵌的 DeepSeek 大模型	Excel
功能定位	提供多种 AI 功能，如自然语言处理、数据分析等	为 Office 软件提供智能辅助，如表格公式计算等	主要用于数据处理、分析和可视化
操作方式	通过网页界面操作，需要用户熟悉其功能和使用方法	在 Office 软件内部直接使用，通过简单的指令或按钮即可调用 AI 功能	需要用户手动编写公式或使用内置功能
适用场景	适用于需要强大 AI 功能的复杂任务，如深度数据分析、智能问答等	适用于日常办公文档的智能处理，如制作数据透视表等	适用于数据的常规处理和分析，如数据汇总、图表制作等
数据处理能力	能够处理大规模数据集，进行复杂的 AI 分析，但是无法生成表格	基于 DeepSeek 大模型，能够对数据进行智能分析和处理	处理数据的能力相对有限，但对于常规办公数据已足够
学习成本	功能丰富，需要一定的时间学习和掌握	操作简便，用户容易上手，降低了学习成本	功能较多，初学者需要花费时间学习公式和功能
与其他工具的集成	作为独立平台，与其他工具的集成相对有限	与 Office 软件深度集成，方便在文档和表格中直接使用 AI 功能	可与其他 Microsoft 产品（如 PowerQuery、PowerPoint）结合使用，扩展功能

对于初学者而言，DeepSeek 官网总结的各种操作指南是非常不错的学习资料，如果只想要结果，则可以使用 DeepSeek 官网进行数据统计分析；如果想要快速出结果，并需要保留函数和数据透视表，则建议使用 OfficeAI 内

嵌的 DeepSeek 大模型；如果本身对 Excel 的应用比较熟练，则可以直接使用 Excel 的函数和数据透视表的统计分析功能。

3.4 DeepSeek 数据可视化

3.4.1 数据可视化介绍

数据可视化是一种将数据以图形或图像的形式展示出来的技术，以便人们能够更直观地理解数据中的信息、模式、趋势和洞察。数据可视化通过将抽象的数据转化为视觉元素，如图表、图形、地图和仪表盘等，使复杂的数据关系和大量数据变得易于理解和解释。

数据可视化通过柱状图、折线图、饼图、散点图、热力图等图形元素来表示数据，使数据更加直观易懂。许多现代数据可视化工具支持交互功能，用户可以通过缩放、筛选、排序等操作深入探索数据。有效的数据可视化能够讲述一个故事，突出数据中的关键信息，帮助用户理解数据的意义。

因此，数据可视化具有视觉效果好、图表之间可以实现交互且故事性强的特点。

3.4.2 常见的数据可视化图表

常见的数据可视化图表有柱状图、折线图、散点图、条形图、饼图和漏斗图，每种图形的特点和应用场景如图 3.70 所示。

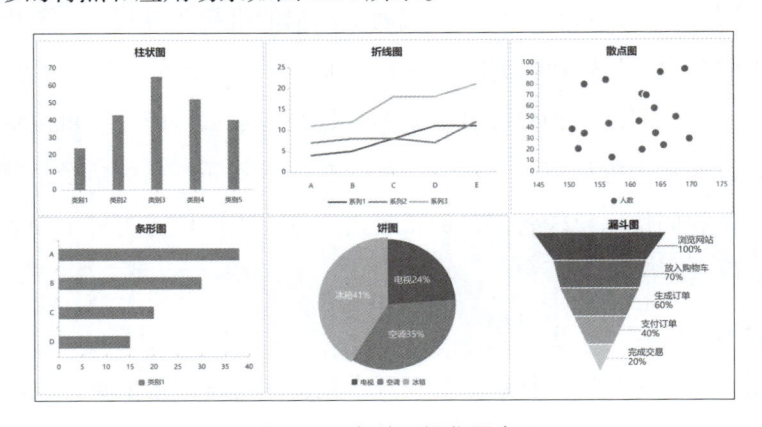

图 3.70 各种可视化图表

各种图表的特点及应用场景具体如下。

1. 柱状图（Bar Chart）

柱状图是一种经典的可视化图形，主要用来比较不同类别的数据。通过柱子的长短来直观地展示各类别数据的大小，柱子越长，对应的数值越大。柱状图适用于展示离散数据，帮助我们快速发现数据中的差异。例如，在比较不同产品的销售额时，柱状图能让我们一眼看出哪个产品最受欢迎。此外，柱状图还可以进行集群和堆叠，以便比较更复杂的数据。

2. 折线图（Line Chart）

折线图擅长展示数据随时间或其他连续变量的变化趋势，它通过连接数据点形成线条，使我们能够清晰地看到数据的上升、下降或平稳等变化情况。折线图在时间序列分析中尤为常用，如股票市场中展示股票价格的波动。同时，多条折线的对比还能揭示不同数据系列之间的关联和差异。

3. 散点图（Scatter Plot）

散点图通过在坐标平面上绘制数据点，展示两个变量之间的关系。每个数据点的坐标由这两个变量的值决定。我们可以通过观察散点的分布模式，判断变量之间是否存在相关性，以及相关性的强弱和方向。散点图在探索性数据分析中具有重要地位，能够帮助我们初步了解变量之间的潜在联系，为进一步的统计分析和建模提供依据。

4. 条形图（Bar Chart）

条形图是一种以水平条形的形式展示数据的可视化方式，主要用于比较不同类别的数据。与柱状图类似，条形图通过条形的长度来表示数据的大小，但条形图更适合展示类别较多或类别名称较长的数据，因为它可以更有效地利用空间，使图表更加清晰易读。例如，在展示不同产品的市场份额时，条形图能够让我们快速比较各产品的市场占有率，直观地看出哪个产品占据更大的市场份额。

5. 饼图（Pie Chart）

饼图以圆形为基础，将数据各部分占整体的比例关系形象地表示为扇形区域。每个扇形的角度大小对应相应部分的数据量，所有扇形合起来构成一个完整的圆，代表数据的整体。饼图有助于我们直观地了解各部分在整体中的相对地位，如市场中不同品牌的占有率。然而，当类别过多或各部分比例差异较小时，饼图的表达效果可能会受到一定限制。

6. 漏斗图（Funnel Chart）

漏斗图是一种形状类似漏斗的图，主要用于展示数据的流转和转化过程。它通过漏斗的各个阶段来表示数据在不同环节的变化情况，通常用于销售漏斗分析、网站用户转化率等场景。在销售漏斗分析中，漏斗图可以直观地呈现从潜在客户到最终成交客户的各个阶段数据，如潜在客户数量、咨询客户数量、下单客户数量等，帮助我们了解销售过程中的客户流失情况和转化效率。

3.4.3 常见的数据可视化工具

常见的数据可视化工具有 Excel、Tableau、Power BI 和 Python 库。其中，Excel 凭借丰富的图表类型，如柱状图、折线图、饼图等，以简单的操作流程满足日常数据可视化需求。Tableau 作为专业的数据可视化软件，支持交互式仪表盘和地图可视化，适用于复杂的数据分析和展示。Power BI 是 Microsoft 的商业智能工具，与 Excel 无缝集成，支持数据建模和高级可视化。对于数据科学家和分析师，Python 库（如 Matplotlib、Seaborn、Plotly 等）通过编写代码实现数据可视化，具有高度的灵活性和定制性。

3.4.4 使用 DeepSeek 快速实现数据可视化

1. OfficeAI 内嵌 DeepSeek 大模型

（1）简单数据可视化，设置条件格式：找到 [高考成绩] 的前 3 名和后 3 名。

第一步：在"学生成绩"表中启动"OfficeAI 助手"右侧面板，在对话框中输入提示词"基于 [学生成绩] 表，找到 [高考成绩] 最高的 3 名学生，填充为红色，找到 [高考成绩] 最低的 3 名学生，填充为灰色"，如图 3.71 所示。

第二步：DeepSeek 的推理过程如图 3.72 所示。

第三步：DeepSeek 的推理结果如图 3.73 所示。

零基础玩转 DeepSeek：秒懂数据分析

图 3.71　输入提示词　　　图 3.72　推理过程　　　图 3.73　推理结果

第四步：原数据表中 [高考成绩] 字段前 3 名和后 3 名分别被填充为红色和灰色，如图 3.74 所示。

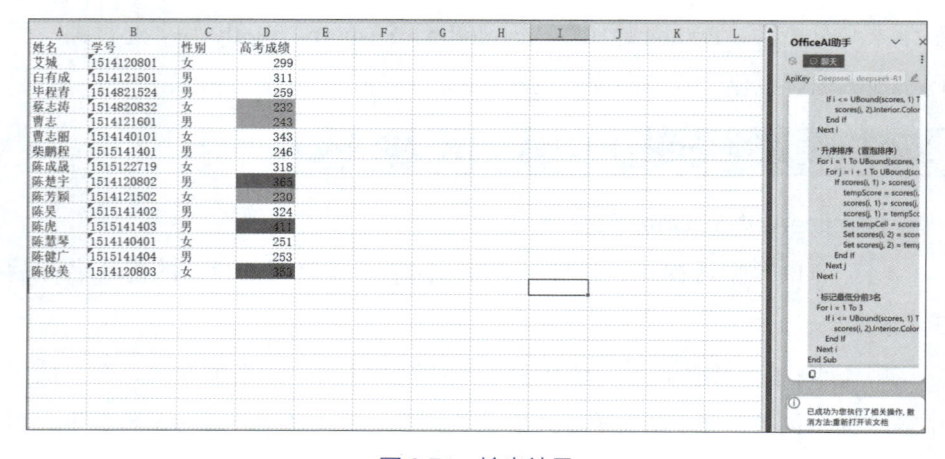

图 3.74　输出结果

（2）分步绘制柱状图。

第一步：在"水果销售"表中启动"OfficeAI助手"右侧面板，在对话框中输入提示词"基于[水果销售]表，生成水果[销售金额]的柱状图"，如图3.75所示。

第二步：DeepSeek的推理过程如图3.76所示。

第三步：DeepSeek推理完成。DeepSeek启用了VBA，利用VBA来创建柱状图，如图3.77所示。

图3.75　输入提示词　　图3.76　推理过程　　图3.77　推理完成

第四步：生成的柱状图位于[水果销售]表中，如图3.78所示。

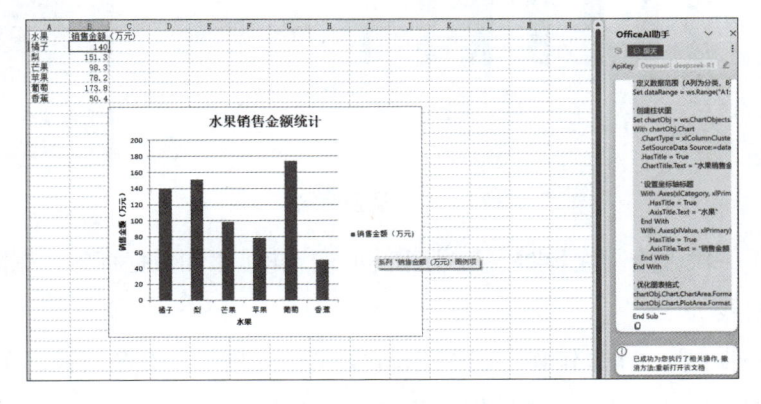

图3.78　输出结果

第五步：向柱状图中添加数据标签。输入提示词"向柱状图添加每类水果[销售金额]的标签"，结果如图 3.79 所示。

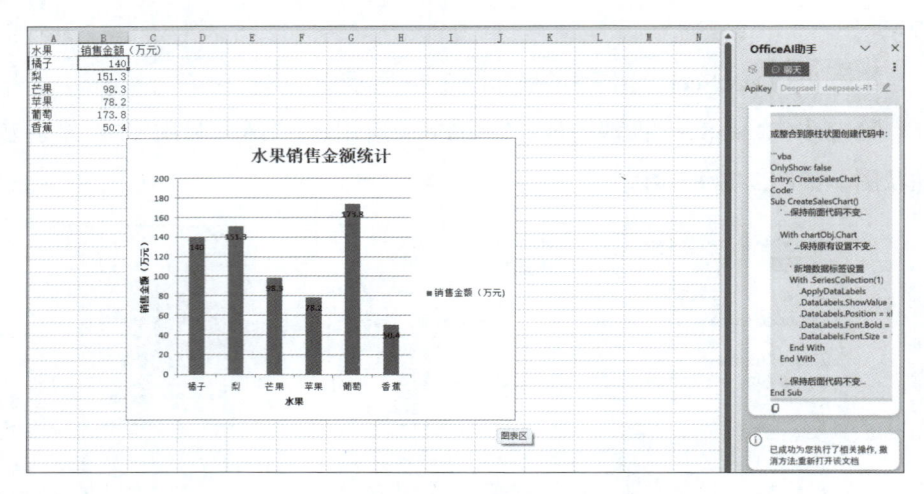

图 3.79　输入调整提示词

第六步：优化标签位置，删除图例。输入提示词"删除图例，将数据标签的位置放在柱子之上"，最终的柱状图如图 3.80 所示。

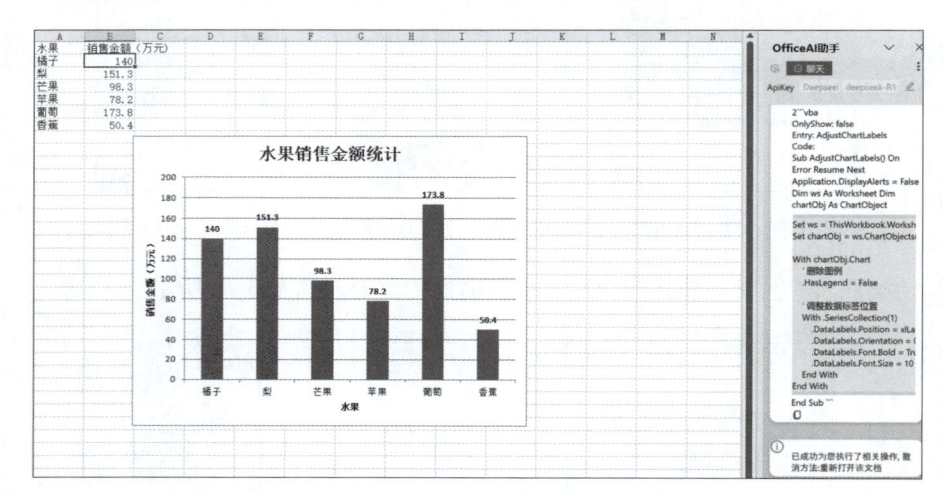

图 3.80　调整后结果

（3）一次性绘制柱状图，并对图形进行优化（添加数据标签、删除图例、删除网格线）。

第一步：在"水果销售"表中启动"OfficeAI 助手"右侧面板，在对话框中输入提示词"基于[水果销售]表，生成水果[销售金额]的柱状图，向柱状图添加每类水果[销售金额]的标签,将数据标签的位置放在柱子之上,删除图例",如图3.81所示。

图3.81 输入提示词

第二步:静观DeepSeek推理过程,最终的柱状图如图3.82所示。

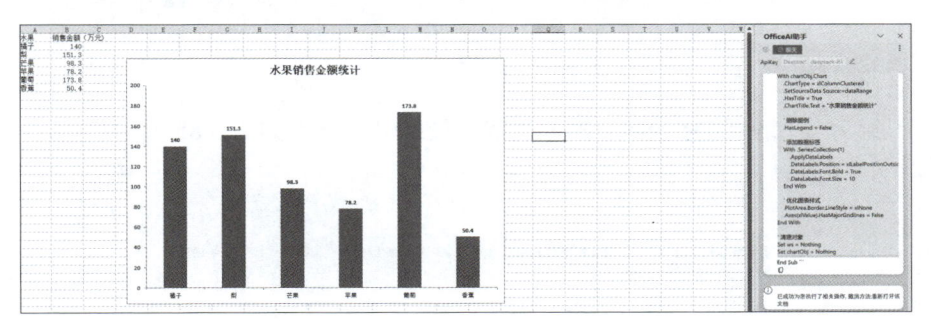

图3.82 输出结果

2. DeepSeek官网生成数据可视化图表

(1)找到符合条件的明细:销售额最高的水果和销售额最低的水果。

第一步:在DeepSeek官网首页导入数据源。选择"深度思考(R1)"模式,如图3.83所示。

图 3.83　上传数据

第二步：在对话框中输入提示词"请依据水果销售数据，找到销售额最高和最低的水果，其中销售额最高的水果标记为红色，销售额最低的水果标记为绿色"，如图 3.84 所示。

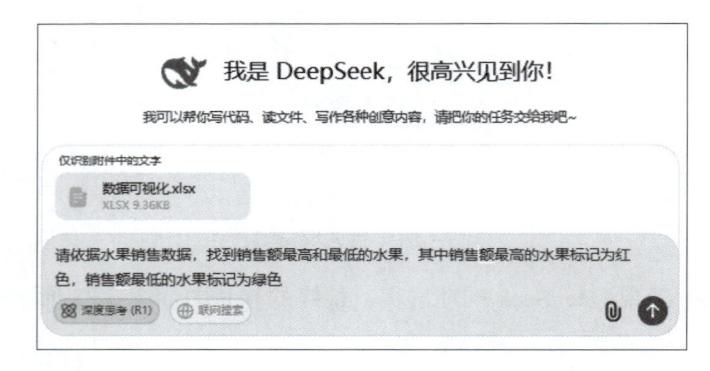

图 3.84　输入提示词

第三步：静观 DeepSeek 推理过程，最终输出结果如图 3.85 所示。

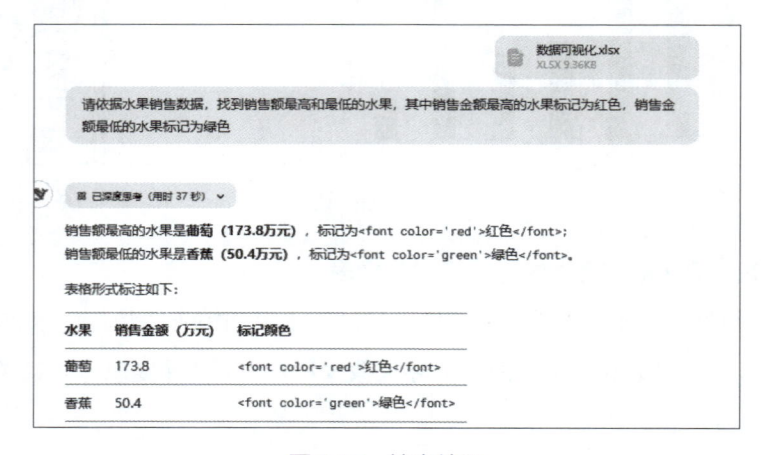

图 3.85　输出结果

从输出结果中可以看出，DeepSeek 对"条件格式"的输出并不是很直观，这个与 DeepSeek 处理数据文件的能力有关。因此，下面改进一下提示词，让 DeepSeek 官网的交互页面直接输出结果。

第四步：在对话框中输入提示词"请依据水果销售数据，找到销售额最高和最低的水果，并将结果标签插入原表中，以表格的形式输出"，如图 3.86 所示。

图 3.86　重新输入提示词

第五步：最终输出结果如图 3.87 所示。

图 3.87　输出结果

（2）制作柱状图。

第一步：在 DeepSeek 官网首页导入数据源。选择"深度思考（R1）"模式，

零基础玩转 DeepSeek：秒懂数据分析

如图 3.88 所示。

第二步：在对话框中输入提示词"请根据以上水果销售明细，制作一张柱状图，显示各类水果的销售情况"，如图 3.89 所示。

图 3.88　上传数据　　　　　　　　图 3.89　输入提示词

第三步：DeepSeek 的输出过程如图 3.90 所示，输出结果如图 3.91 所示。

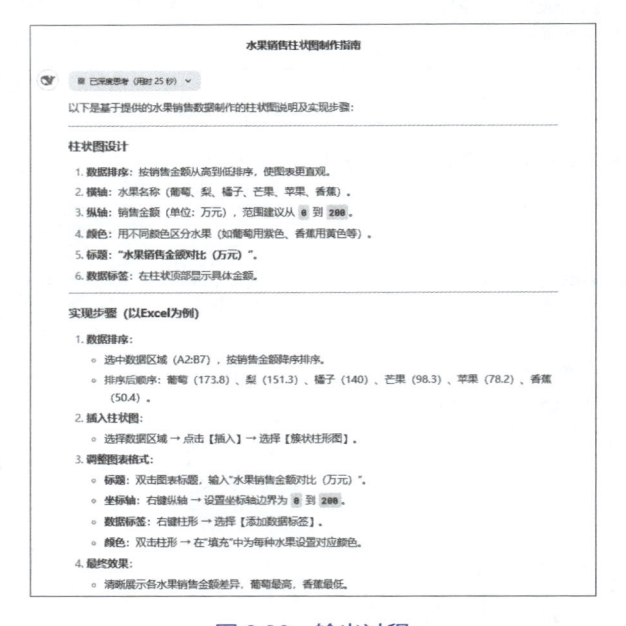

图 3.90　输出过程

图 3.91　输出结果

第 3 章 数据分析与可视化

可以看出，DeepSeek 输出的图形是"条形图"，与提示词要求的"柱状图"不一致。因此，需要对输出结果进行认真核对才能使用。

（3）制作饼图。

第一步：在 DeepSeek 官网首页导入数据源。选择"深度思考（R1）"模式，如图 3.92 所示。

图 3.92　上传数据

第二步：在对话框中输入提示词"请根据以上水果销售明细，制作一张饼图，展示各类水果的销售占比"，如图 3.93 所示。

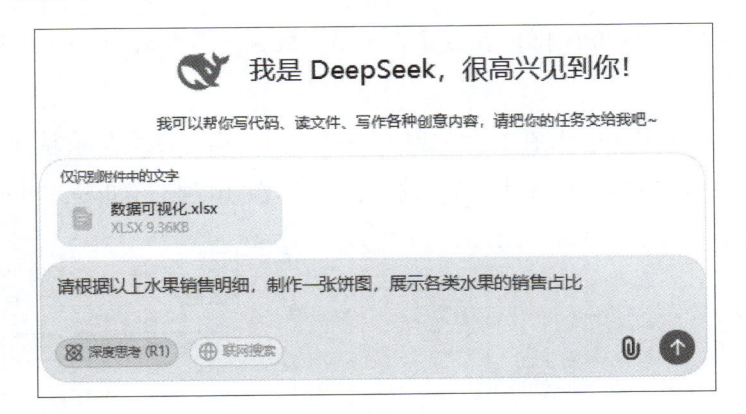

图 3.93　输入提示词

第三步：DeepSeek 的输出过程及结果如图 3.94 所示。

135

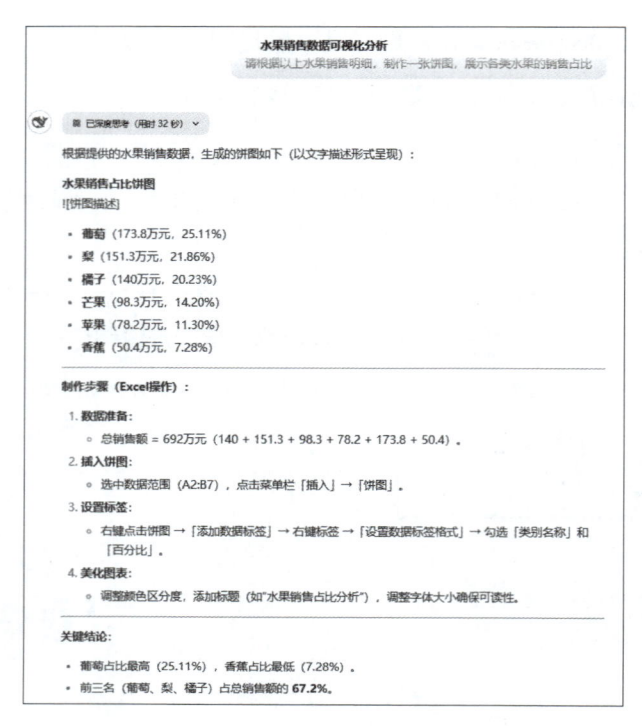

图 3.94　输出过程及结果

3. Excel 制作图表

（1）简单数据可视化，设置条件格式：找到 [高考成绩] 的前 3 名和后 3 名。

第一步：打开 Excel，在"学生成绩"表中选中"高考成绩"列，依次选择"开始"→"条件格式"→"最前 / 最后规则"→"前 10 项"，如图 3.95 所示。

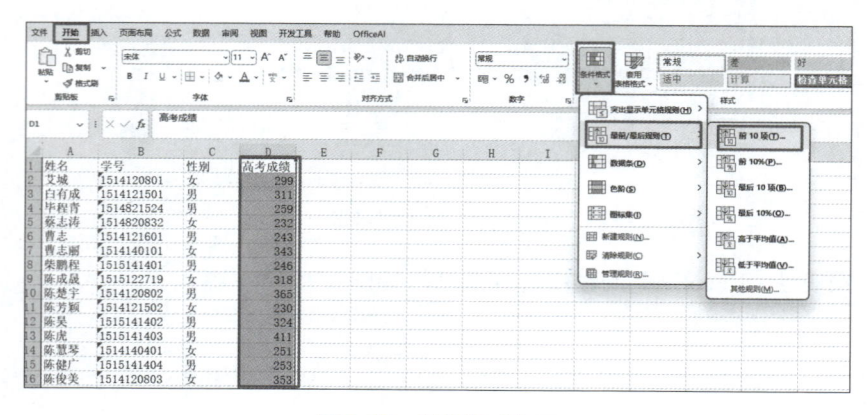

图 3.95　条件格式入口

第二步：在弹出的对话框中，设置"项数"为3，填充颜色部分选择"自定义格式"，如图3.96所示。

第三步：在弹出的对话框中选择"填充"选项卡，设置"背景色"为"红色"，然后单击"确定"按钮，如图3.97所示。

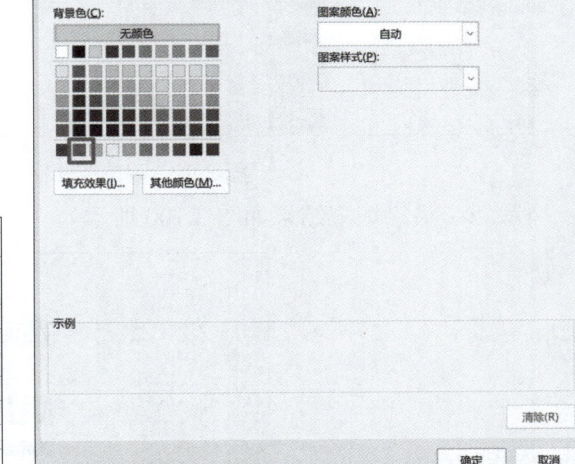

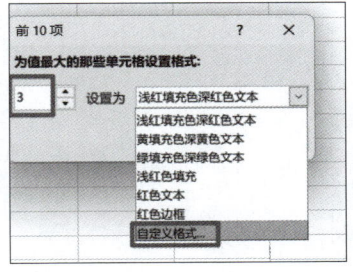

图3.96　自定义格式

图3.97　设置填充色

第四步：前3名成绩填充结果如图3.98所示。

图3.98　填充结果

第五步：重复第一步的步骤，将原来的选择"前10项"改为"最后10项"；重复第二步和第三步，将填充色修改为"蓝色"，最后单击"确定"按钮，如图3.99所示。

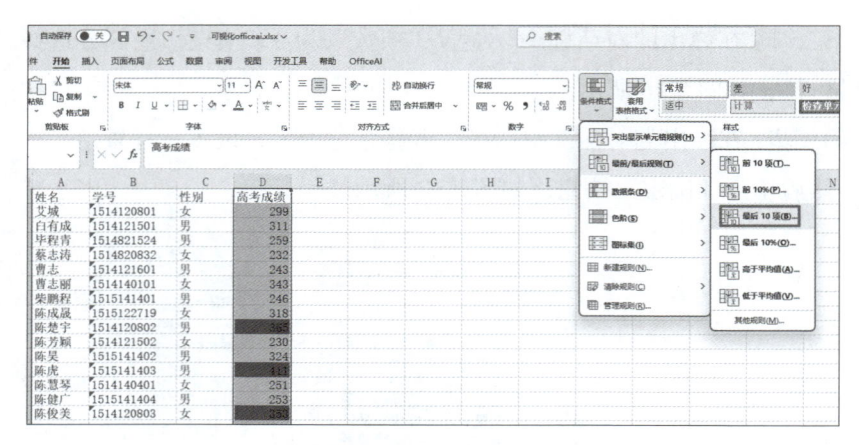

图 3.99　设置条件格式

第六步：最终填充结果如图 3.100 所示。

图 3.100　填充结果

（2）制作柱状图。

第一步：打开 Excel，在"水果销售"表中选中水果销售数据，依次选择"插入"菜单→"推荐的图表"，如图 3.101 所示。

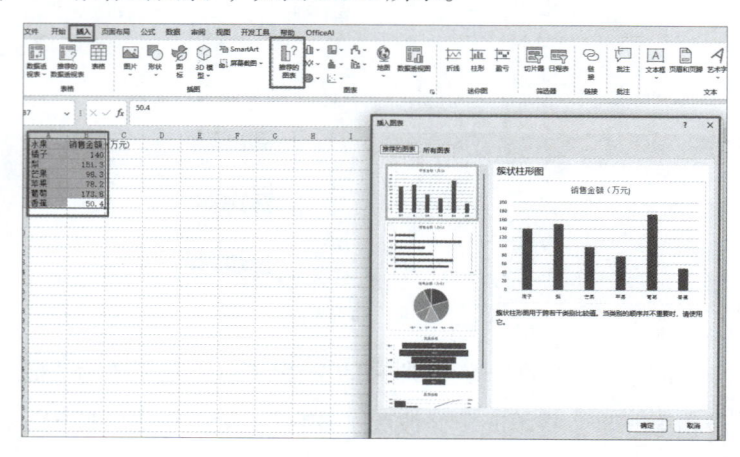

图 3.101　可视化入口

第二步：在弹出的对话框中选中"簇状柱形图"，单击"确定"按钮，如图 3.102 所示。

第三步：生成一个基础的柱状图，如图 3.103 所示。

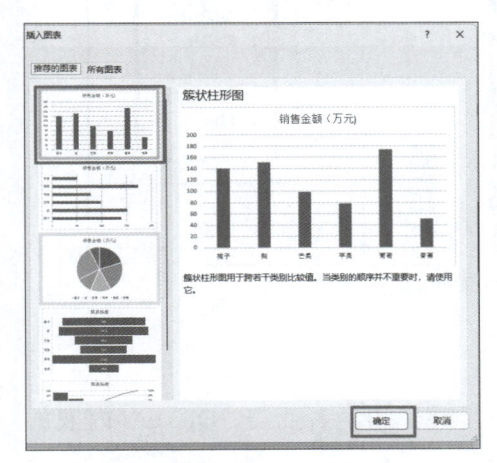

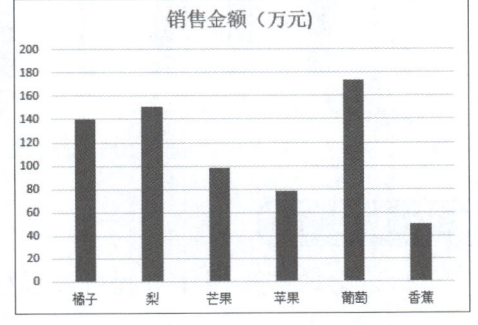

图 3.102　选择合适的柱状图　　　　图 3.103　基础的柱状图

第四步：选中柱状图的柱子，右击，选择"添加数据标签"选项，如图 3.104 所示，生成的柱状图如图 3.105 所示。

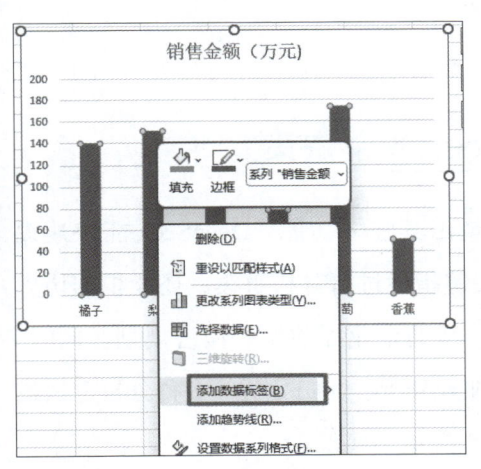

图 3.104　添加数据标签　　　　图 3.105　生成的柱状图

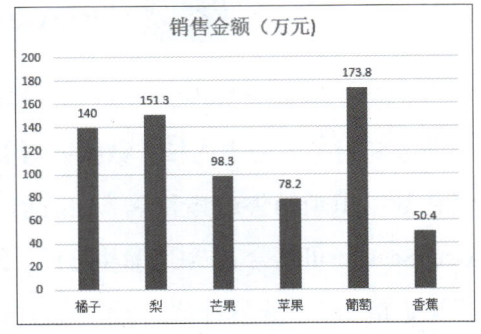

第五步：单击图形，在弹出的右侧"图形元素"中可以删除或者添加新的元素到柱状图中，如图 3.106 所示。

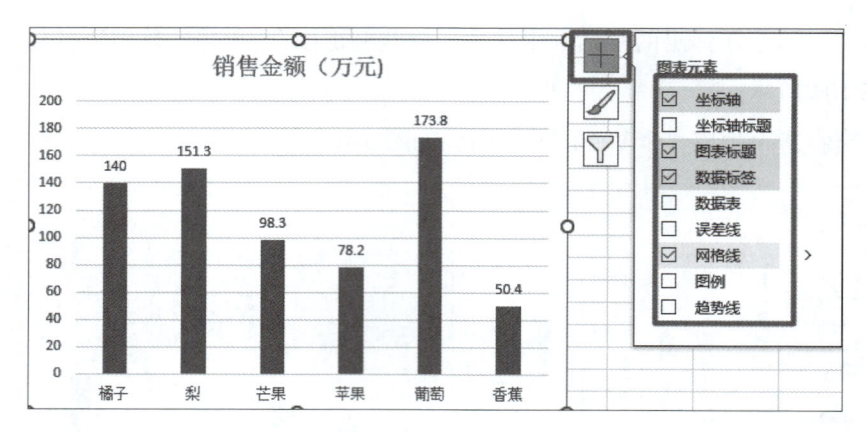

图 3.106　删除或添加新的图形元素

3.4.5　小结

从以上的图形制作过程可以看出，对于初学者而言，OfficeAI 内嵌的 DeepSeek 大模型在数据可视化方面的效果要好于 DeepSeek 官网。DeepSeek 官网无法直接生成合适的图形，只能给出操作步骤，后续可视化仍需要使用者自己操作。Excel 直接作图的效果较好，但是要求使用者有一定的基础。使用者可以根据自己的情况和目的自由选择。

3.5　DeepSeek 智能决策

在企业经营分析中，DeepSeek 展现出其强大功能。DeepSeek 能快速提炼业务和财务报表中的核心数据并对关键指标进行分析解读，还能根据历史销售数据识别销售趋势和季节性波动，帮助企业提前做好销售规划。同时，DeepSeek 还可结合 RFM、漏斗分析、细分分析、回归分析等多种分析方法或模型，帮助企业识别经营过程中的问题，并给出建议。

3.5.1　DeepSeek+Excel 图表制作与解读

1. DeepSeek 数据统计分析与结果解读

（1）上传数据到 DeepSeek 官网，选择"深度思考（R1）"模式，如图 3.107 所示。

第 3 章　数据分析与可视化

（2）输入提示词"用上传的文件帮我做一份数据分析，从多个维度分析数据，每个维度都输出表格和图表的展现形式"，如图 3.108 所示。

图 3.107　上传数据　　　　　　　　图 3.108　输入提示词

（3）DeepSeek 的输出结果如图 3.109 所示。

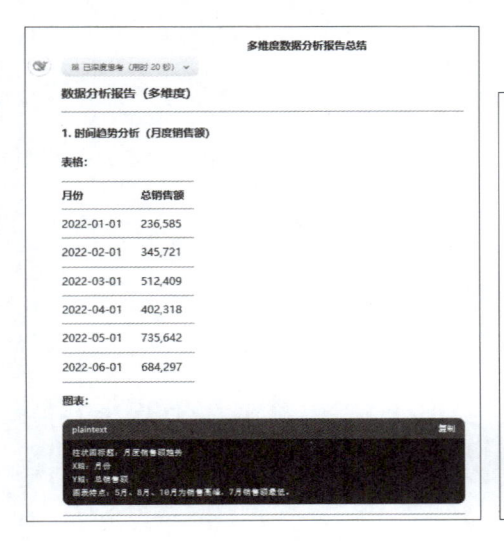

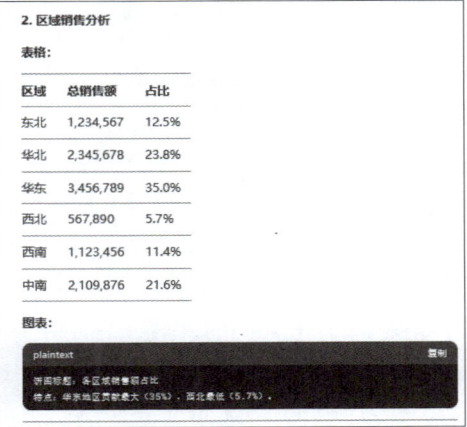

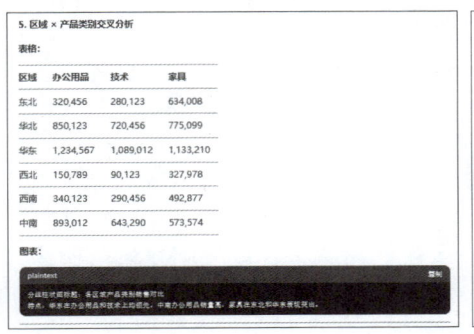

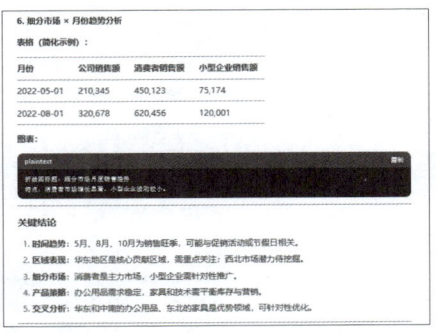

图 3.109　输出结果

（4）再次输入提示词"以上图表如何在 Excel 中实现"，让 DeepSeek 输

141

出制作图表的操作步骤，方便我们在 Excel 中实现，如图 3.110 所示。

图 3.110　再次输入提示词

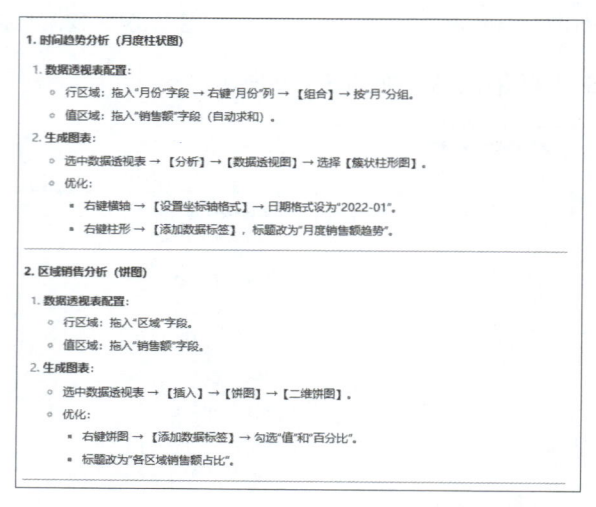

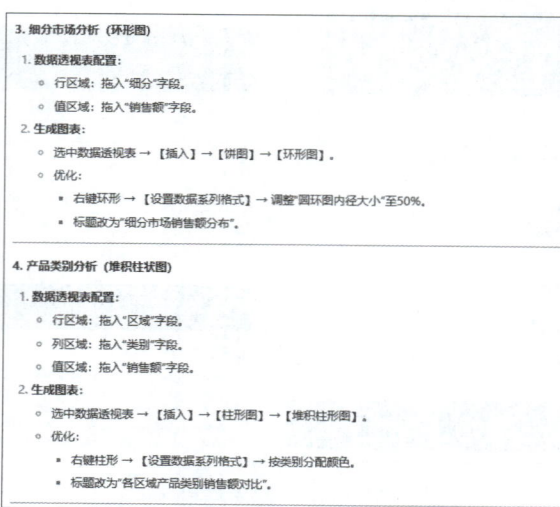

（5）输出结果如图 3.111 所示。

图 3.111　输出结果

第 3 章 数据分析与可视化

```
5. 区域×产品交叉分析（分组柱状图）
  1. 数据透视表配置：
    ○ 复用"产品类别分析"的数据透视表（行=区域，列=类别，值=销售额）。
  2. 生成图表：
    ○ 选中数据透视表 → 【插入】→【柱形图】→【簇状柱形图】。
    ○ 优化：
      ▪ 右键柱形 → 【设置数据系列格式】→ 调整"分类间距"为80%。
      ▪ 标题改为"区域-产品类别销售对比"。

6. 细分市场×月份趋势（折线图）
  1. 数据透视表配置：
    ○ 行区域：拖入"月份"字段 → 按"月"分组。
    ○ 列区域：拖入"细分"字段。
    ○ 值区域：拖入"销售额"字段。
  2. 生成图表：
    ○ 选中数据透视表 → 【插入】→【折线图】→【带数据标记的折线图】。
    ○ 优化：
      ▪ 右键折线 → 【添加趋势线】（可选）。
      ▪ 标题改为"细分市场月度销售趋势"。
```

```
通用技巧
 1. 动态联动：
   ○ 插入切片器：选中数据透视表 → 【分析】→【插入切片器】→ 选择"区域"或"细分"，实现多图表联动筛选。
 2. 一键刷新：
   ○ 数据更新后，右键任意数据透视表 → 【刷新】，图表自动同步。
 3. 快速美化：
   ○ 使用【图表设计】→【快速布局】一键调整图表样式。

最终效果示例
 • 交互式仪表盘：将6个图表排列在一个工作表中，通过切片器动态过滤数据。
 • 输出：支持导出为PDF或图片（【文件】→【导出】→【创建PDF/XPS】）。

通过以上步骤，无需重复基础操作，可直接生成专业图表，并实现数据与可视化的高效联动！
```

图 3.111　输出结果（续）

2. Excel 图表制作与建议撰写

根据以上输出步骤，进行简单的调整。在作图之前，将数据透视表中的数据粘贴到新建的工作表中，然后按照作图步骤插入图形，并美化。

（1）按照前面 DeepSeek 输出的操作步骤，插入数据透视表。选中数据，选择"插入"菜单→"数据透视表"，在弹出的对话框中单击"确定"按钮，如图 3.112 和图 3.113 所示。

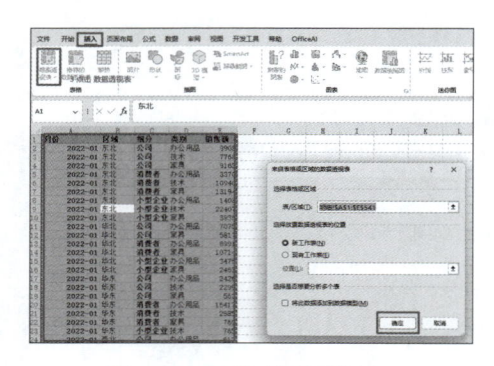

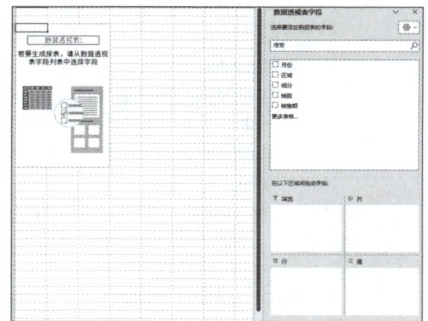

图 3.112　插入数据透视表　　　　图 3.113　插入数据透视表效果

（2）制作月份统计销售金额。按照以下步骤拖动字段到对应的区域中。

• 行区域：拖入 [月份] 字段。

• 值区域：拖入 [销售额] 字段（自动求和），如图 3.114 所示。

（3）复制数据透视表中的数据到新的工作表中，修改行标题为"月份"和"销售额"，删除"总计"行，如图 3.115 所示。

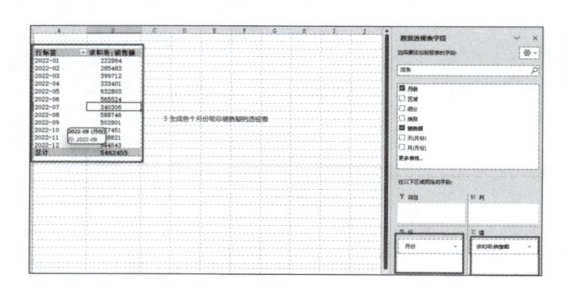

图 3.114　拖入字段　　　　图 3.115　复制数据

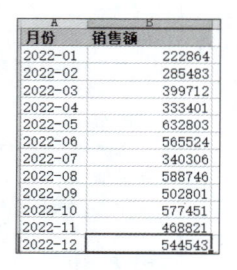

（4）选中数据，选择要插入的图形，如图 3.116 所示。基础柱状图如图 3.117 所示。

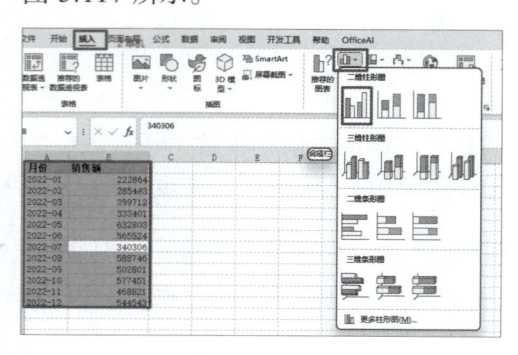

图 3.116　选择要插入的图形　　　　图 3.117　基础柱状图

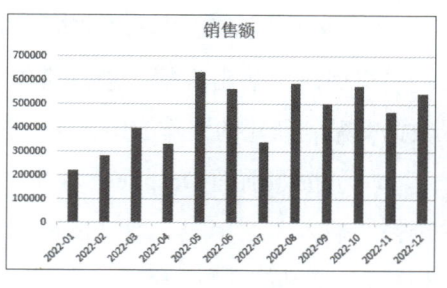

（5）右击柱子，在弹出的对话框中选择"添加数据标签"，此处无须修改 X 轴格式，如图 3.118 所示。

图 3.118　添加数据标签

（6）修改柱状图标题为"月度销售额趋势"，如图 3.119 所示。

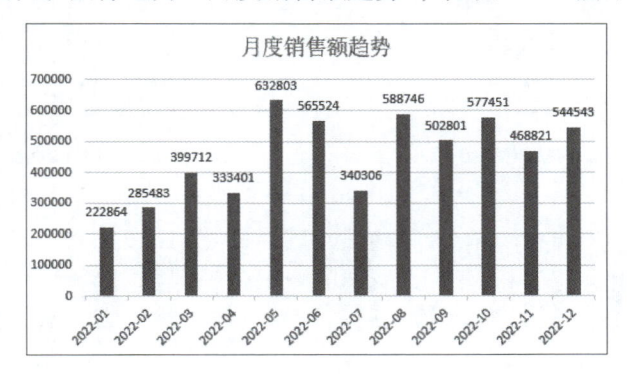

图 3.119　修改图表标题

（7）插入分析结果，如图 3.120 所示。

图 3.120　插入分析结果

（8）制作多维分析报告。重复第（1）～（7）步制作多维分析报告，如图 3.121 所示。

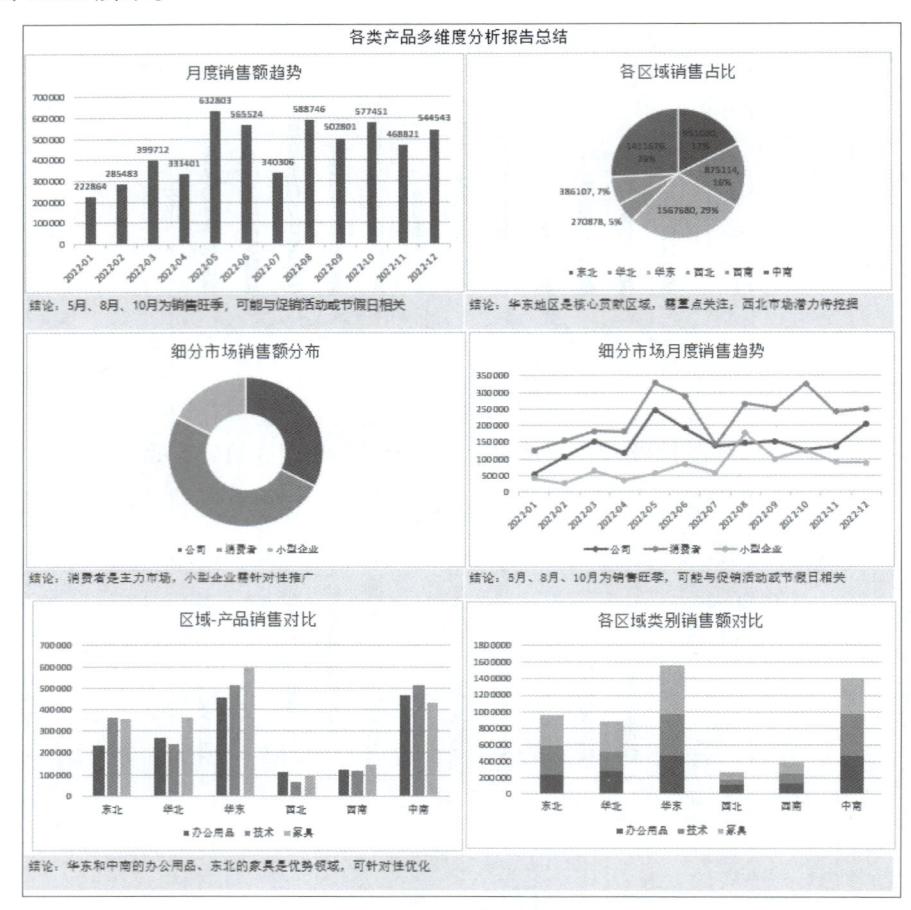

图 3.121　多维分析报告

3.5.2　OfficeAI 内嵌的 DeepSeek 图表制作与解读

（1）在"明细"表中启动"OfficeAI 助手"右侧面板，在对话框中输入提示词"用明细表中的数据，帮我做一份数据分析，从多个维度分析数据，每个维度都输出表格和图表的展现形式"，如图 3.122 所示。

（2）DeepSeek 的推理过程如图 3.123 所示。

第 3 章　数据分析与可视化

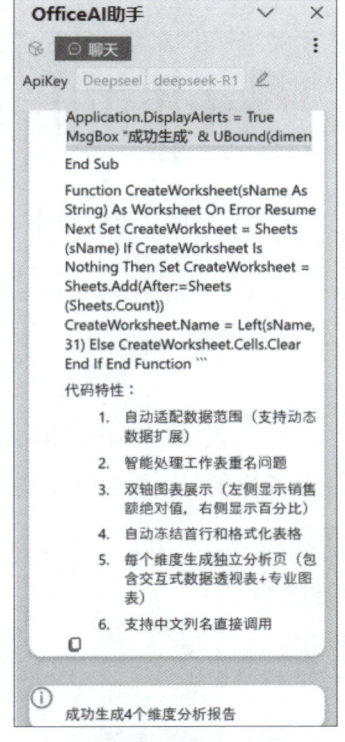

图 3.122　输入提示词　　　　图 3.123　推理过程

（3）OfficeAI 内嵌的 DeepSeek 大模型利用数据透视表的生成分析结果，如图 3.124 所示。

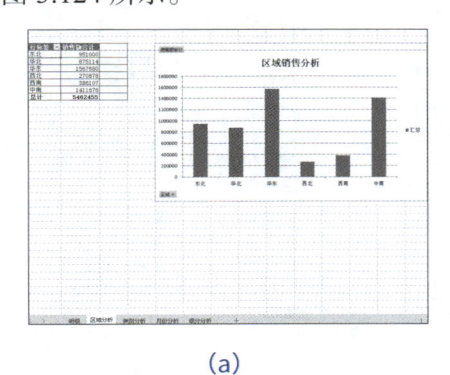

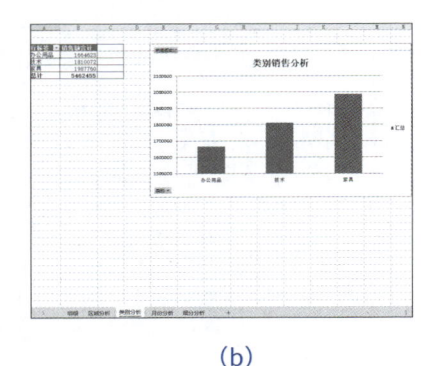

(a)　　　　　　　　　　　　　　(b)

图 3.124　分析结果

147

(c)   (d)

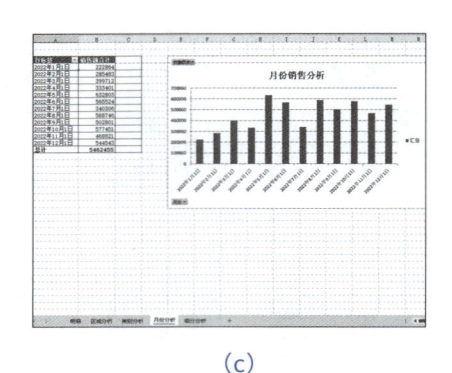

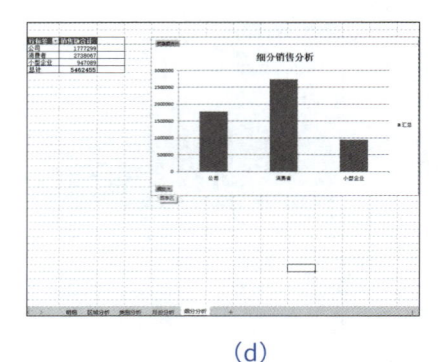

图 3.124   分析结果（续）

（3）再次输入提示词"根据前面做好的 4 个图表，分别给出分析建议"。此处 OfficeAI 给出的是一些分析的方向和建议，如图 3.125 和图 3.126 所示。

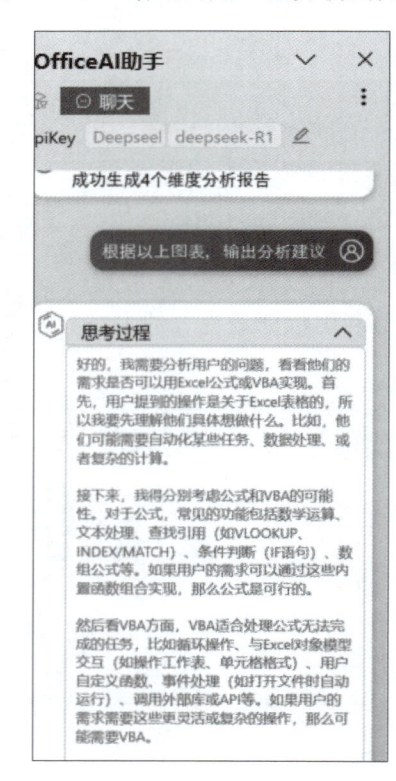

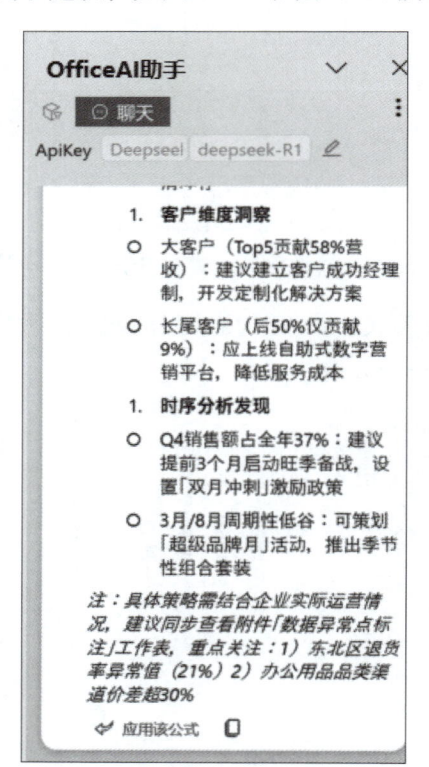

图 3.125   再次输入提示词   图 3.126   输出结果

OfficeAI 在处理数据方面的能力很强，但在输出建议方面，还需要使用者自行根据数据结果进行整理。

3.5.3 小结

通过以上分析可以看出，在对数据进行分析和给出决策的过程中，DeepSeek 官网给出的结果更完整，OfficeAI 的优势更多体现在数据处理和展示上，分析结果和建议仍然需要使用者依据自己的经验和判断来完成。在数据量不是很大的情况下，如果只是为了得到数据分析的结果，那么在智能决策层面可以直接借助 DeepSeek 官网的分析能力来完成。

第 4 章　数据价值挖掘

数据价值挖掘（Data Mining）是现代企业和组织在数字化转型过程中不可或缺的重要工具，它能够帮助企业更好地理解市场和客户，优化运营流程，提升决策科学性，发现新的商业机会，并在竞争激烈的市场环境中保持领先地位。随着技术的不断进步和数据资源的日益丰富，数据价值挖掘的重要性将愈发凸显，成为推动社会经济发展和技术创新的核心力量。

4.1　数据价值挖掘介绍

数据价值挖掘是一种从大量数据中提取有价值信息和知识的过程。它结合了统计学、机器学习、数据库技术等多学科的方法，通过分析数据中的模式、趋势和关联关系，将原始数据转化为有意义的洞察和决策支持信息。数据价值挖掘常用的方法有相关性分析、分类、聚类、关联规则、预测分析等。

4.1.1　相关性分析

相关性分析（Correlation Analysis）通过评估变量之间的关系，可以帮助我们更好地理解数据背后的规律。相关性分析结合实际应用场景进行解释和应用，能够为决策和研究提供有力支持。

1. 什么是相关性分析

相关性分析是统计学中用于评估两个或多个变量之间是否存在关联及关联强度的方法。它可以帮助我们了解变量之间的相互关系，从而为决策、预测和模型构建提供依据。相关性分析是数据挖掘和数据分析中的一个重要工具，被广泛应用于商业、金融、社会科学、自然科学等领域。

2. 相关性分析分类

相关性分析主要类型包括线性相关性分析、非线性相关性分析和偏相关性分析。

（1）线性相关性分析。线性相关性分析用于评估两个变量之间是否存在线性关系。最常用的方法是计算皮尔逊相关系数（Pearson Correlation Coefficient），取值范围为 [−1,1]，公式为

$$r = \frac{\Sigma(x_i - \bar{x})(y_i - \bar{y})}{\sqrt{\Sigma(x_i - \bar{x})^2 \Sigma(y_i - \bar{y})^2}}$$

其中，x_i 和 y_i 分别是两个变量的观测值，$\bar{x}$ 和 $\bar{y}$ 是它们的平均数，r 是皮尔逊相关系数。若 $r=1$，则代表两个变量之间完全正相关，当一个变量增加时，另一个变量也增加；若 $r=-1$，则代表两个变量之间完全负相关，当一个变量增加时，另一个变量减少；若 $r=0$，则代表两个变量之间没有线性相关；若 $0<r<1$，则代表两个变量之间存在一定的相关性，绝对值越接近 1，相关性越强。

（2）非线性相关性分析。非线性相关性分析用于评估变量之间是否存在非线性关系。常用的方法包括斯皮尔曼秩相关系数（Spearman Rank Correlation Coefficient）和肯德尔秩相关系数（Kendall Tau Correlation Coefficient）。其中，斯皮尔曼秩相关系数衡量两个变量的秩次之间的相关性，适用于非线性关系或数据不服从正态分布的情况；肯德尔秩相关系数同样基于两个变量的秩次，但通过计算一致对数和非一致对数的比例来评估相关性，特别适用于小样本数据。

斯皮尔曼秩相关系数公式如下：

$$r_s = 1 - \frac{6\Sigma d_i^2}{n(n^2 - 1)}$$

其中，d_i 是两个变量的秩次之差，n 是样本数量。

肯德尔秩相关系数公式如下：

$$\tau = \frac{一致对数 - 不一致对数}{\frac{n(n-1)}{2}}$$

其中，一致对数是指两个变量的秩次同时增加或减少，不一致对数是指一个变量的秩次增加而另一个变量的秩次减少。

（3）偏相关性分析。偏相关性分析用于评估两个变量之间的相关性，同时控制其他变量的影响。这有助于消除混杂因素的干扰，更准确地评估变量之间的直接关系。

4.1.2 预测分析

预测分析是一种基于历史数据和统计模型，对未来事件或趋势进行预测的分析方法。它综合运用了统计学、机器学习、时间序列分析等多种技术，旨在帮助企业、组织或个人提前洞察未来可能的发展情况，从而作出更加明智的决策。

1. 预测分析的优势

预测分析为企业带来了诸多显著优势，具体如下。

（1）提前决策。预测分析能够通过预测未来事件，助力企业提前制定策略并优化资源配置，从而在复杂多变的环境中保持竞争力。

（2）提前预知风险。预测分析可以识别潜在风险，使企业能够提前采取措施，降低损失，增强应对不确定性的能力。

（3）提高效率。预测分析能优化业务流程，减少不必要的工作和资源浪费，从而提高整体运营效率。

（4）发现新的机会。预测分析能够帮助企业发现潜在的市场机会或业务增长点，为企业抓住先机、实现可持续发展提供有力支持。

2. 预测分析面临的难题

预测分析在实际应用中也面临着诸多挑战，具体如下。

（1）数据质量问题。数据质量至关重要，数据的准确性、完整性和一致性会直接影响预测结果的可靠性。

（2）模型选择问题。选择合适的预测模型并非易事，这需要对问题本身及数据特征有深入的理解和分析。

（3）模型解释问题。复杂模型（如深度学习模型）虽然在预测能力上表现出色，但往往难以解释，这可能会影响决策者的信任和接受度。

（4）现实世界是动态变化的，预测模型需要能够适应新的数据和环境变化，不断进行更新和优化，以保持其有效性和准确性。

4.1.3　使用 DeepSeek 辅助数据价值挖掘

1. DeepSeek 官网辅助数据价值挖掘

（1）上传数据到 DeepSeek 官网，选择"深度思考（R1）"模式，如图 4.1 所示。

图 4.1　上传数据

（2）在 DeepSeek 官网对话框中输入提示词"请观察数据规律，告诉我单机成本 Y 和产量 X 之间是否有相关性，如果有关系，计算出相关性系数，进一步输出单机成本和产量之间的关系模型，并计算产量为 9650 时的单机成本是多少"，如图 4.2 所示。

图 4.2　输入提示词

（3）DeepSeek 的输出结果如图 4.3 所示。

通过上述步骤可以看出，产量 X 和单机成本 Y 之间的相关性系数为 -0.95，说明两者之间存在强的负相关，因此适合继续研究两者之间的关系。根据输出的产量 X 和单机成本 Y 的关系模型 $Y=-0.013X+393.7$ 可以看出，将产量代入公式，即可计算出对应的单机成本。

图 4.3　输出结果

2. OfficeAI 内嵌 DeepSeek 大模型辅助数据价值挖掘

（1）计算相关性系数。在"产量和成本"表中启动"OfficeAI 助手"右侧面板，在对话框中输入提示词"基于 [产量和成本] 表，观察数据规律，告诉我 [成本 Y] 和 [产量 X] 之间是否有相关性，如果有关系，计算出相关性系数"，如图 4.4 所示。

（2）选择相关性系数存放位置。DeepSeek 开始计算相关性系数，弹出对话框，选择相关性系数存放的位置，如图 4.5 所示。

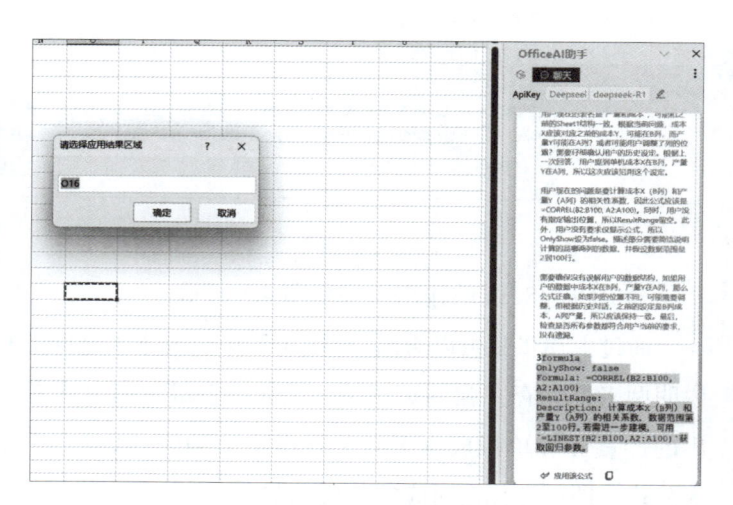

图 4.4　输入提示词　　　　　　　图 4.5　指定结果输出位置

（3）最终输出相关性系数为 –0.965491，表示产量 X 和成本 Y 之间存在强的负相关，如图 4.6 所示。

图 4.6　输出结果

（4）在表格中选中 2 行 5 列的空白区域，继续输入提示词"请继续选择合适的预测模型，输出成本 Y 和产量 X 之间的预测模型"，如图 4.7 所示。

（5）输出结果如图 4.8 所示。

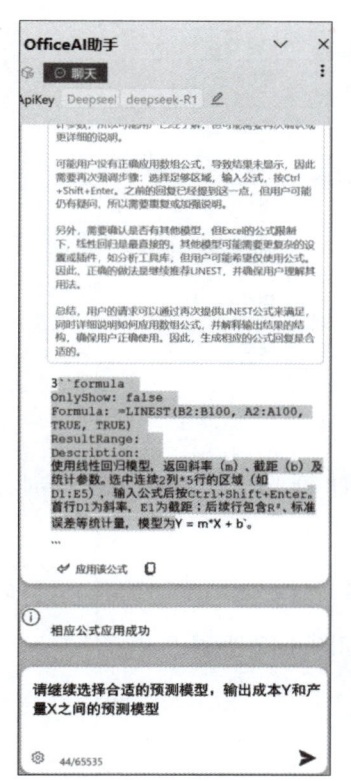

图 4.7　输入提示词　　　图 4.8　输出结果

（6）选中连续的 2 行 5 列空白区域，在编辑栏中输入公式"=LINEST (B2:B17, A2:A17, TRUE, TRUE)"，如图 4.9 所示。

（7）按 Ctrl+Shift+Enter 组合键生成完整统计矩阵，如图 4.10 所示。

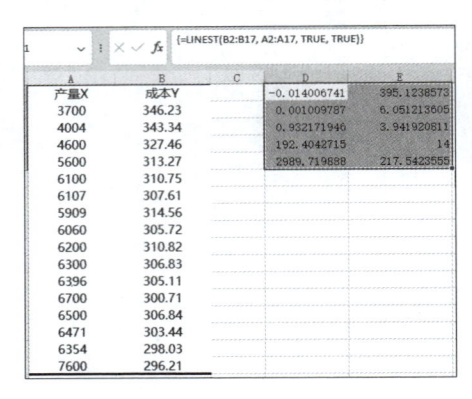

图 4.9　按照输出结果输入函数

图 4.10　生成完整统计矩阵

（8）对照图 4.11 所示的参数表，写出预测模型：$Y = -0.014X + 395.12$。其中，$R^2 = 0.93$，说明模型拟合程度很好。

参数	D列（斜率相关）	E列（截距相关）
第1行	斜率（m）	截距（b）
第2行	斜率的标准误差	截距的标准误差
第3行	R^2 值	Y值的标准误差
第4行	F 统计量	自由度（df）
第5行	回归平方和	残差平方和

图 4.11　参数表

（9）根据预测模型公式，可以计算出当产量为 9650 时，成本 = $-0.014 \times 9650 + 395.12 = 260.02$。

3. 借助 Excel 散点图制作预测模型

（1）选中数据区域，插入散点图，如图 4.12 所示。

（2）生成散点图，如图 4.13 所示。

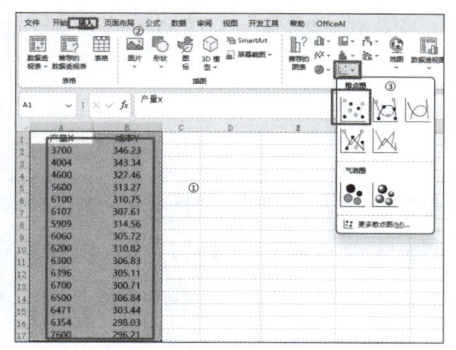

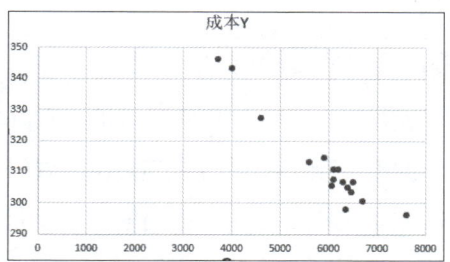

图 4.12　插入散点图　　　　　图 4.13　散点图

（3）选中散点，右击，选择"添加趋势线"选项，如图 4.14 所示。

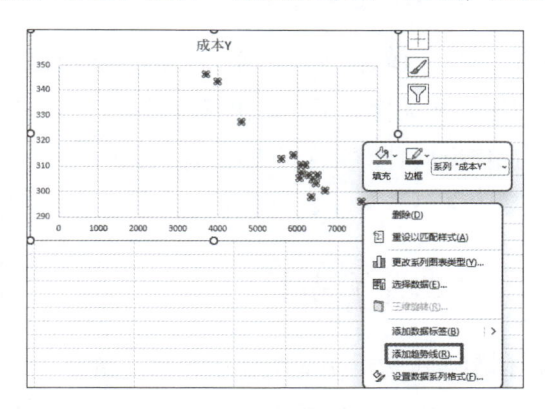

图 4.14　添加趋势线

（4）右侧弹出"设置趋势线格式"面板，在其中选中"线性"单选按钮，勾选"显示公式"和"显示 R 平方值"复选框，如图 4.15 所示。

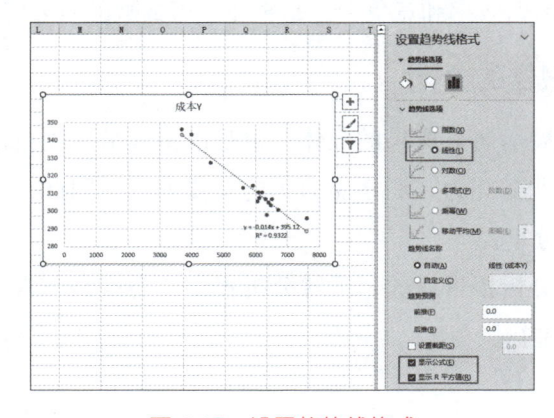

图 4.15　设置趋势线格式

（5）根据预测模型，计算当产量为 9650 时，成本 = –0.014×9650+395.12= 260.02。

4.1.4 问题识别

通过以上三种方式对同一组数据、同一种模型进行预测，可以发现 DeepSeek 输出的模型预测结果与 OfficeAI 内嵌的 DeepSeek 大模型及 Excel 输出的结果存在偏差。之所以存在以上问题，主要是因为不同的工具在模型的精度上存在差异。在这里要学会识别 DeepSeek 输出的模型精度误差是否可以接受，如果可以接受，则可以采用；否则就需要采用其他方式来构建预测模型。

4.1.5 小结

从以上分析可以看出，DeepSeek 官网、OfficeAI 内嵌 DeepSeek 大模型和 Excel 的图表均可以进行相关性分析并给出预测模型，但三者之间的精度存在差异，建议大家在选择模型时，关注模型精度进行取舍。

4.2 撰写分析报告

数据分析报告是企业决策、沟通与知识积累的重要工具，为管理层提供决策依据，助力优化业务流程和合理分配资源；促进团队内部沟通和部门间协作，打破信息壁垒，提升协同效应；记录历史数据和经验教训，挖掘新知识与趋势。通过直观呈现关键信息，数据分析报告可以帮助企业更好地适应市场变化，提升整体运营效率和竞争力，是企业不可或缺的重要资产。

4.2.1 分析报告的分类

分析报告是展示研究成果的载体，也是汇报人员展现自己综合能力（如数据分析能力、业务能力、洞察能力）的重要方式。因此，撰写一份优秀的数据分析报告十分重要。

在开始撰写分析报告之前，了解分析报告的类型是非常关键的，这有利于更有针对性地进行撰写。

1. 按应用场景分类

按照应用场景，分析报告可以分为日常工作类分析报告、专题类分析报告和综合研究类分析报告，见表 4.1。

表 4.1　分析报告分类（按应用场景分类）

类　　别	分析报告内容
日常工作类分析报告	日报、周报、月报等形式，定期分析业务场景，反映日常业务计划执行情况
专题类分析报告	无固定周期，针对特定社会经济现象或问题进行深入研究，为决策者提供参考
综合研究类分析报告	全面评价地区、单位或部门的业务发展情况，从宏观角度分析指标之间的关系

2. 按分析目的分类

按照分析目的，分析报告可以分为描述性分析报告、探索性分析报告、预测性分析报告和规范性分析报告，见表 4.2。

表 4.2　分析报告分类（按分析目的分类）

类　　别	分析报告内容
描述性分析报告	总结和描述数据特征，帮助理解数据基本情况
探索性分析报告	发现数据中的模式和关系，探索新问题或方向
预测性分析报告	基于现有数据预测未来趋势或结果
规范性分析报告	提出建议和决策方案，帮助解决特定问题

3. 按受众和内容深度分类

按照分析报告的受众和内容深度，分析报告可以分为介绍型分析报告、监控型分析报告、探索型分析报告、诊断型分析报告、测试型分析报告和评估型分析报告，见表 4.3。

表 4.3 分析报告分类（按受众和内容深度分类）

类别	分析报告内容
介绍型分析报告	面向不了解情况的人群，采用总分式结构，多角度介绍基本情况
监控型分析报告	面向有一定了解的人群，结合业务行动分析指标走势，提示业务发展趋势
探索型分析报告	面向有一定了解的人群，提示下一步行动方向，需逻辑性强
诊断型分析报告	面向熟悉问题的人群，深入分析问题原因
测试型分析报告	面向熟悉问题的人群，结构清晰，包含问题点、测试方案、结果和建议
评估型分析报告	面向熟悉问题的人群，需提前明确评估方法和标准，给出综合评估结果

根据以上分类，可以快速了解每类分析报告的应用场景、分析目的和受众。

4.2.2 分析报告的撰写流程

分析报告的撰写流程可以分为五步，分别是明确研究目的、确定研究方案、收集数据、数据处理及分析、研究结果呈现及研究结论，如图 4.16 所示。

1. 明确研究目的
2. 确定研究方案
3. 收集数据
4. 数据处理及分析
5. 研究结果呈现及研究结论

图 4.16 分析报告的撰写流程

1. 明确研究目的

在撰写分析报告之前，要明确研究的目的和问题。这一步是整个报告写作的基础，决定了后续研究的方向和重点。研究目的需要清晰、具体，能够回答"为什么要做这项研究"以及"希望解决什么"的问题。例如，研究目的可能是探索某个市场趋势、评估某种政策的效果，或者分析某个现象的原因和影响。明确研究目的后，还需要将其转化为可操作的研究问题，以便后续研究方案的设计和数据收集工作能够有的放矢。

2. 确定研究方案

在明确了研究目的后，需要制定详细的研究方案。这一步的核心是设计出一套科学、合理的研究方法，以确保研究结果的可靠性和有效性。研究方案通常包括以下几个方面。

（1）研究方法：选择适合研究目的的方法，如定量分析（问卷调查、实验研究）或定性分析（访谈、案例研究）。

（2）数据来源：确定数据的获取途径，如公开数据、问卷调查、实地观察或文献研究。

（3）研究范围：明确研究的时间范围、地理范围或对象范围，以避免研究过于宽泛或局限。

（4）研究假设：如果适用，可以提出初步的研究假设，用于指导数据分析的方向。

（5）时间安排：制定研究的时间表，确保研究按计划推进。

3. 收集数据

收集数据是撰写分析报告的关键环节，直接影响研究结果的准确性和可信度。这一步需要根据研究方案中确定的方法和来源，系统地收集相关数据。常见的收集数据的方式如下。

（1）问卷调查：设计问卷并分发给目标人群，收集定量数据。

（2）访谈或焦点小组：通过与相关人员进行交流，获取定性数据。

（3）文献研究：查阅相关文献、报告或数据库，获取二手数据。

（4）实地观察：通过观察特定场景或现象，收集一手数据。

在收集数据过程中，需要确保数据的完整性和质量，同时注意保护隐私和遵守相关法律法规。

4. 数据处理及分析

数据收集完成后，需要对数据进行处理和分析，以提取有价值的信息并验证研究假设。这一步通常包括以下几个阶段。

（1）数据清洗：检查数据的完整性和准确性，处理缺失值、异常值或重复数据。

（2）数据整理：将数据按照研究目的进行分类和整理，为后续分析做准备。

（3）数据分析：运用统计分析、数据可视化或其他分析工具，挖掘数据中的规律和趋势。例如，可以使用描述性分析研究数据的分布特征，或者通过回归分析探索变量之间的关系。

（4）结果验证：对分析结果进行验证，确保其符合逻辑和研究假设。

5. 研究结果呈现及研究结论

将研究结果以逻辑清晰的方式呈现，并得出研究结论，这一步需要将复杂的数据和分析结果转化为易于理解的内容，同时总结研究的主要发现和意义。具体如下。

（1）结果呈现：通过图表、表格或文字描述，直观地展示数据分析的结果。例如，使用柱状图展示数据分布，使用折线图展示趋势变化。

（2）研究结论：总结研究的主要发现，回答研究问题，并提出建议或对策。结论需要基于数据分析结果，避免主观臆断。

（3）局限性与展望：分析研究的局限性，并提出未来研究的方向或改进建议。

（4）报告撰写：将以上内容按照逻辑顺序撰写成完整的分析报告，确保结构清晰、语言简洁、格式规范。

通过以上步骤，可以系统地完成一份完整且高质量的分析报告，解决实际的问题。

4.2.3 分析报告的撰写原则

1. 客观性原则

（1）基于事实。分析报告的内容必须以真实、准确的数据和事实为依据，不能主观臆断或者凭空猜测。例如，在市场分析报告中，所引用的市场份额数据、消费者偏好数据等都要来源于可靠的市场调研机构、企业内部的销售记录或者权威的行业报告。

对于收集到的数据，要保证其来源的可信度。如果是从网络上获取的数据，则需要注明网址，并且要对数据提供方的信誉和专业性进行评估。例如，在引用金融数据时，优先选择如彭博社、路透社等知名金融信息提供商的数据。

（2）避免偏见。作者在分析过程中要保持中立的态度，不能带有个人的偏见或者情感倾向。无论是对竞争对手的分析，还是对企业内部问题的剖析，都应该以公正的视角进行。例如，在评估不同供应商的产品质量时，不能因为与某供应商有良好的私人关系就对其产品过度赞扬，而忽视其产品可能存在的缺陷。

2. 逻辑性原则

（1）结构清晰。分析报告应该有合理的结构安排，通常包括引言、正文和结论三个部分。引言部分要简要介绍分析的背景、目的和范围；正文部分要详细阐述分析的过程和结果；结论部分要总结主要观点并提出建议。

在正文中，内容的组织要有条理，可以按照时间顺序、重要性程度或者因果关系等逻辑顺序来安排。例如，在分析企业成本上升的原因时，可以先从原材料价格上涨（原因一）说起，再讲劳动力成本增加（原因二），最后提及运输费用的提高（原因三），每个原因之间要有清晰的过渡。

（2）论证严密。每个观点都要有充分的论据来支持，论据可以是数据、案例、理论等。例如，在论证某项新技术能够提高生产效率时，可以引用该技术在其他企业应用后的生产效率提升数据，或者引用相关的技术原理来说明其优势。

另外，要注意论据和观点之间的逻辑关系，不能出现论据和观点脱节的情况。例如，不能用一个关于市场需求下降的数据来证明企业内部管理效率低下这个观点。

3. 简洁性原则

（1）语言简洁。分析报告的语言要简洁明了，避免使用过于复杂、晦涩的词汇和句子结构。尽量用简单的词语表达清楚意思。例如，原写法为"本企业在当前复杂的市场环境之中，经过深入的调研和分析，发现其产品在某些方面的市场占有率呈现出一定程度的下滑态势"，简化后为"经过调研发现，企业部分产品市场占有率下降"。

（2）突出重点。报告中要突出关键信息，避免冗长的背景描述或者无关紧要的细节。读者通常更关心分析报告的核心结论和建议。例如，在一份财务分析报告中，不需要详细描述每一笔小额开支，而是要重点关注主要的成本项目、收入来源及财务趋势等关键内容。

4. 针对性原则

（1）明确受众。分析报告要根据不同的受众进行调整。如果是给企业管理层看的报告，则内容可以更侧重于战略层面的分析和建议，语言可以相对正式一些；如果是给一线员工看的报告，则语言可能需要更通俗易懂，将重点放在操作层面的改进措施上。例如，一份关于产品质量改进的分析报告，若给质量控制部门的员工看，则可以详细说明质量检测的具体流程中存在的问题，以及改进方法；若给企业高层看，则可以重点分析质量问题对企业品牌形象和市场竞争力的影响，以及宏观的改进策略。

（2）紧扣主题。整个分析报告的内容都要围绕主题展开，不能偏离主题。所有的分析、数据和建议都要与主题相关。例如，在一份关于市场营销策略的分析报告中，不能突然插入与主题无关的企业内部人事管理的内容。

5. 完整性原则

（1）内容全面。分析报告要涵盖与主题相关的各个方面。对于一个商业项目可行性分析报告，不仅要分析市场前景、技术可行性，还要考虑财务可行性、法律可行性等多个方面。确保每个部分的内容都足够完整。例如，在财务可行性分析部分，不仅要计算项目的投资回报率，还要分析项目的现金流情况、资金需求和风险等。

（2）信息完整。报告中引用的数据、案例等信息要完整。如果引用了一个数据，则要说明数据的来源、统计的时间范围等信息。例如，引用某产品的市场占有率数据，要注明是哪个市场调研机构在什么时间范围内统计的数据。

遵循以上原则，能够确保分析报告的质量、可信度和实用性，以及能够高效地传递信息，帮助决策者作出正确的判断。

4.2.4 使用 DeepSeek 辅助撰写分析报告

通过上面的学习，我们知道单独依靠 DeepSeek 官网、OfficeAI 内嵌的 DeepSeek 大模型或者 Excel 无法制作出一份完整的汇报资料。这里我们借助前面学习的内容，以 DeepSeek 官网作为分析起始点，输出分析维度、数据表和建议，同时借助 DeepSeek 官网将每个维度汇总好的数据生成对应的 HTML 图表，并截图到 PPT 中。具体操作步骤如下。

（1）在 DeepSeek 官网上传文件，并输入提示词"我想将上传文件的内容做成一份分析报告，请帮我从多个维度进行分析，并作为年度汇报资料输出各个维度的数据表格，给出合适的图表建议和相关数据分析建议"，如图 4.17 所示。

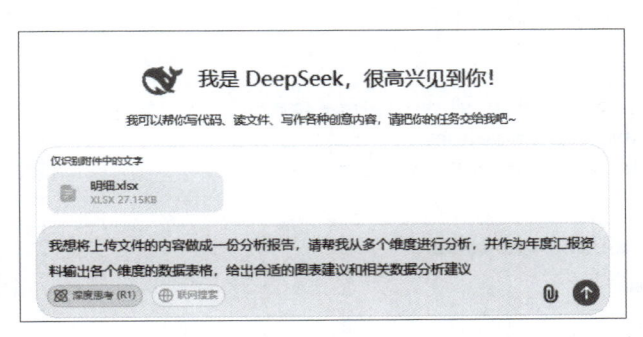

图 4.17　输入提示词

（2）DeepSeek 生成的多维分析报告如图 4.18 所示。

图 4.18　DeepSeek 生成的多维分析报告

2. 区域维度分析：各区域销售额占比

数据表格：

区域	销售额	占比
华东	6,854,207	32.1%
中南	5,912,433	27.7%
华北	4,215,678	19.8%
东北	2,987,456	14.0%
西南	1,543,219	7.2%
西北	845,321	4.0%

图表建议：

- **饼图**：展示各区域销售额占比，突出华东和中南的主导地位。
- **柱状图**：对比各区域销售额绝对值。
- **建议**：加强在西南和西北市场的渗透，优化华东和中南的客户服务。

3. 客户细分分析：不同客户类型贡献

数据表格：

细分	销售额	占比
消费者	12,345,678	57.8%
公司	6,789,012	31.8%
小型企业	2,210,543	10.4%

图表建议：

- **堆叠柱状图**：按区域展示不同细分客户的销售额分布。
- **建议**：针对消费者群体推出个性化促销，增加对企业客户的定制化服务。

4. 产品类别分析：品类销售表现

数据表格：

类别	销售额	占比
技术	8,765,432	41.1%
家具	7,543,210	35.3%
办公用品	5,012,345	23.5%

图表建议：

- **横向条形图**：展示各类别销售额对比，技术类产品表现最佳。
- **热力图**：按区域和类别交叉分析（如华东技术类销量高）。
- **建议**：优化技术类产品的供应链，探索家具类产品的季节性需求。

图 4.18　DeepSeek 生成的多维分析报告（续）

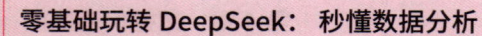

5. 交叉分析：区域+类别组合

数据表格（示例）：

区域	技术类销售额	家具类销售额	办公用品销售额
华东	3,210,456	2,987,123	1,656,628
中南	2,543,789	2,345,678	1,023,966
华北	1,876,543	1,234,567	1,104,568

图表建议：

- **分组柱状图**：对比各区域不同品类的销售差异。
- **建议**：在华东和中南加大技术类推广，华北可加强办公用品促销。

数据分析总结与建议

1. **季节性策略**：5月、6月、12月为销售高峰，可提前备货并设计促销活动。
2. **区域优化**：华东和中南是核心市场，需巩固优势；西南和西北需针对性营销。
3. **客户深耕**：消费者群体是主力，可设计会员体系提升复购率。
4. **产品组合**：技术类产品贡献最大，需关注供应链效率；家具类需分析淡旺季需求。
5. **异常值关注**：7月销售额骤降，需排查原因（如供应链中断或竞品活动）。

图 4.18　DeepSeek 生成的多维分析报告（续）

（3）按照第（2）步得到的数据和图表建议，生成对应的图表。复制第（2）步生成的"月度销售额趋势"表格数据到 DeepSeek 官网，将数据直接粘贴到对话框，输入提示词"生成一个 HTML 页面，用折线图的形式展现以下每个月份的销售情况，要求图表界面美观大方"，如图 4.19 所示。

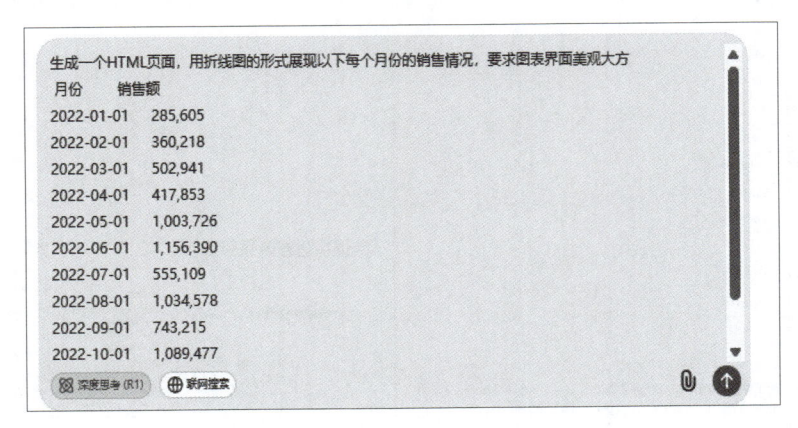

```
生成一个HTML页面，用折线图的形式展现以下每个月份的销售情况，要求图表界面美观大方
月份        销售额
2022-01-01  285,605
2022-02-01  360,218
2022-03-01  502,941
2022-04-01  417,853
2022-05-01  1,003,726
2022-06-01  1,156,390
2022-07-01  555,109
2022-08-01  1,034,578
2022-09-01  743,215
2022-10-01  1,089,477
```

图 4.19　输入提示词

（4）DeepSeek 生成的 HTML 代码如图 4.20 所示。单击右下角的"运行 HTML"即可得到想要的折线图，如图 4.21 所示。

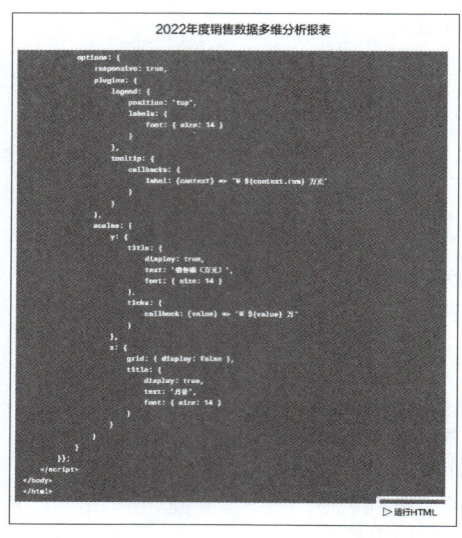

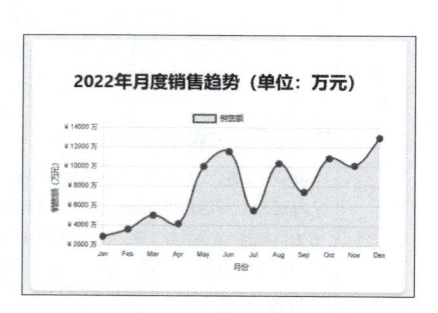

图 4.20　HTML 代码　　　　图 4.21　运行 HTML 生成图片

（5）将第（4）步得到的折线图复制粘贴到 PPT 中，并将第（2）步得到的分析建议加以优化和扩展，填入 PPT 中合适的位置，即可得到一张"月度销售额趋势分析"报告。效果对比如图 4.22 和图 4.23 所示。

图 4.22　数据表（DeepSeek 原输出结果）　　　　图 4.23　折线图（优化后 PPT 内容）

第 4 章　数据价值挖掘

可以看出，基于 DeepSeek 统计的数据、图表推荐、分析结果及建议，再通过个人对业务的积累，可以快速制作一张合格的 PPT 汇报资料。

（6）按照第（3）~（5）步的操作，依次制作各区域销售额占比分析、不同客户类型贡献分析、各品类销售表现分析及各区域品类销售分析等 PPT 汇报资料，如图 4.24 所示。

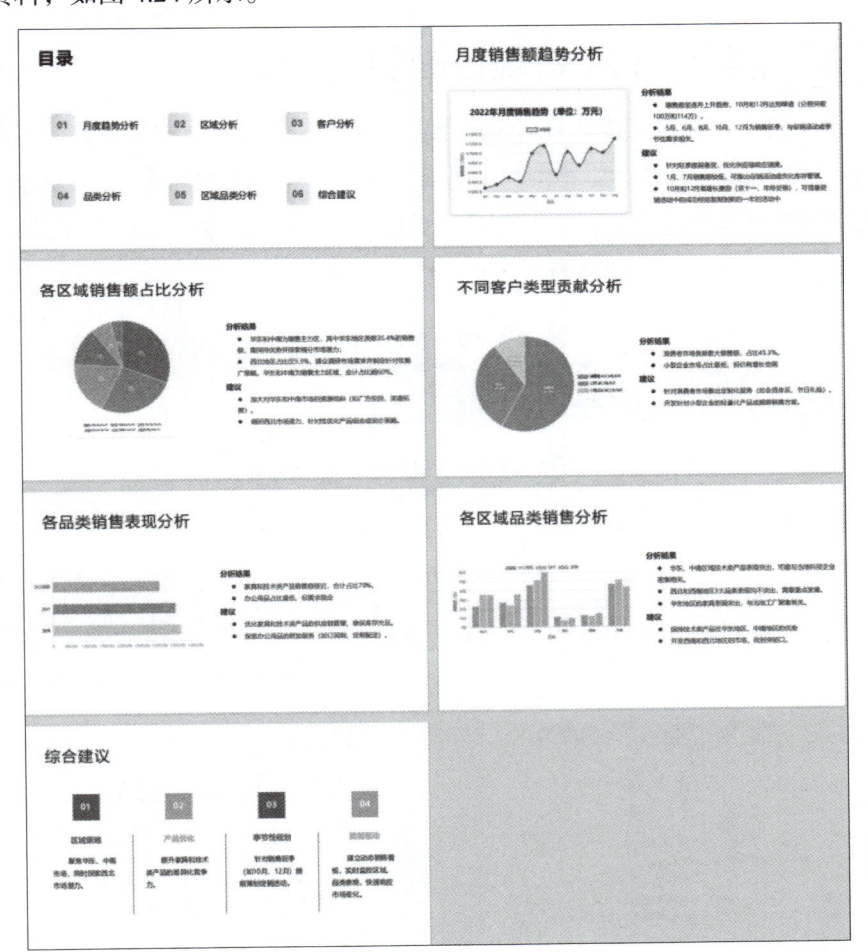

图 4.24　分析报告

4.2.5　小结

利用 DeepSeek 辅助撰写分析报告的过程中，可以借鉴 DeepSeek 给出的分析结论和建议，但是此处的分析结论和建议仍然需要结合实际的业务场景

169

加以修改，同时对于部分细节加以补充说明。下钻维度和交叉维度的分析可以让 DeepSeek 继续深入输出图形和结论，然后才能实际应用于工作中。

4.3　撰写工作汇报

4.3.1　使用 DeepSeek 辅助听众矩阵分析

（1）将汇报资料上传到 DeepSeek 官网，按照"背景＋目的＋任务"的逻辑输入提示词"以上为本次汇报资料，听众有总经理、区域总经理、业务总监、运营总监以及其他部门的负责人，请帮我分析以上人员的关注重点"，如图 4.25 所示。

图 4.25　上传文件并输入提示词

（2）DeepSeek 输出的分析结果如图 4.26 所示。

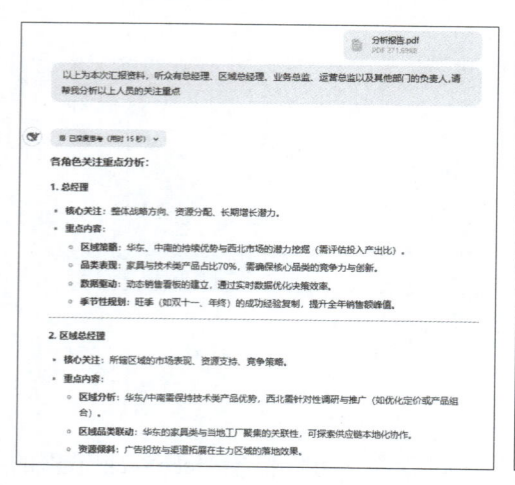

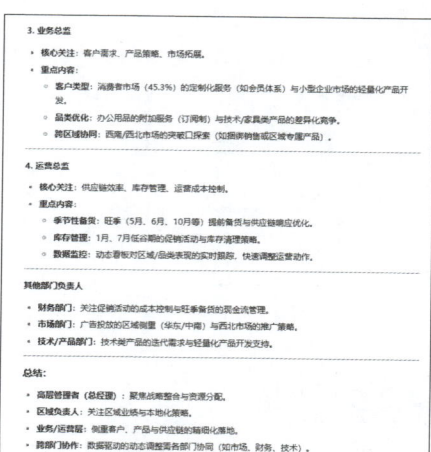

图 4.26　DeepSeek 输出的分析结果

（3）针对以上内容，可以补充对应的资料。例如：

● 关于供应链，制定库存与 30 日销售比为 1.1∶1，旺季整体比为 1.2∶1。其中，季节性产品在旺季的库存与 30 日销售比可以达到 1.3∶1，淡季的库存与 30 日销售比可以控制在 0.9∶1。

● 关于资源，通过全年的资源投入与产出情况，提出本年预算方案，并预测预算方案可能出现的调整情况，同时将预算按照不同的维度进行拆分，让区域、产品、客户三个方向的负责人能够了解预算的基本构成，以便于合理安排促销活动。

4.3.2　使用 DeepSeek 辅助汇报答疑

（1）将制作好的分析报告上传到 DeepSeek 官网，按照"设定角色＋目的＋限制词"的逻辑输入提示词"假设你是业务总监，请根据以上汇报内容，提出 3~5 个有针对性的问题"，输出结果如图 4.27 所示。

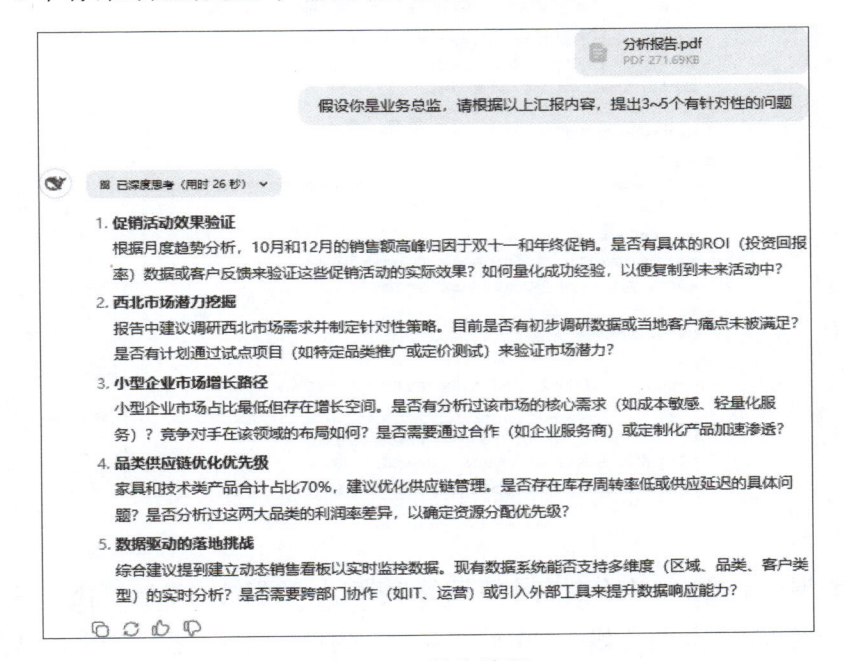

图 4.27　输出结果

（2）根据第（1）步的问题，进一步让 DeepSeek 给出对应问题的模拟答案，如图 4.28 所示。

零基础玩转 DeepSeek：秒懂数据分析

> **请分别给出以上5个题目的模拟答案**
>
> ● 已深度思考（用时15秒）∨
>
> **1. 促销活动效果验证**
>
> **模拟答案：**
> 目前暂未对双十一和年终促销的ROI进行精细化测算，但通过历史数据对比发现，促销期间销售额较非促销期平均提升40%~60%。客户调研显示，用户对限时折扣和赠品活动敏感度较高。下一步计划引入促销成本追踪系统（如广告投放、物流补贴等），结合销售额增量计算具体ROI，并提取高转化率活动模板（如满减梯度设计、社交媒体引流策略），用于2024年促销规划。
>
> ---
>
> **2. 西北市场潜力挖掘**
>
> **模拟答案：**
> 初步调研显示，西北地区消费者对高性价比和技术类基础产品（如入门级智能设备）需求较高，但现有供应链覆盖率不足导致配送成本高。计划在西安、兰州启动试点：
> - **品类测试**：以技术类入门产品为主，搭配家具类标准款；
> - **定价策略**：推出区域专属满减（如满500减80），降低首次购买门槛；
> - **渠道优化**：与当地物流商合作建立区域仓，缩短配送周期。根据3个月试点数据评估市场可行性。

> **3. 小型企业市场增长路径**
>
> **模拟答案：**
> 小型企业核心需求为轻量级、模块化服务（如按需采购、灵活账期），但现有产品组合偏向大型企业定制化方案。竞争对手A公司已推出"小微套餐"（年费制+免费技术支持），市场份额占比12%。建议：
> - **产品调整**：开发办公用品和技术类产品的"轻量套餐"（如5人以下团队套餐）；
> - **合作模式**：联合企业服务商（如钉钉、企业微信）嵌入采购入口，触达目标客户；
> - **定价策略**：首单补贴30%，复购绑定免费培训服务。
>
> ---
>
> **4. 品类供应链优化优先级**
>
> **模拟答案：**
> 家具类产品库存周转率为3.5次/年，技术类为5.2次/年，但家具类因定制化需求导致供应周期长（平均15天）。利润率方面，技术类为25%，家具类为18%。建议：
> - **优先级分配**：技术类供应链以优化仓储自动化为主，提升分拣效率；
> - **家具类优化**：在华东区域工厂集中区建立半成品库存，缩短定制周期至7天；
> - **协同管理**：通过ERP系统打通两大品类库存数据，避免旺季断货风险。
>
> ---
>
> **5. 数据驱动的落地挑战**
>
> **模拟答案：**
> 现有系统仅支持T+1数据更新，且区域与品类数据分散在不同平台（如区域用Excel，品类用SAP）。需采取以下措施：
> - **系统升级**：引入BI工具（如Power BI）整合多维度数据源，实现实时看板；
> - **跨部门协作**：成立数据小组（IT+运营+市场），明确数据口径与更新频率；
> - **试点验证**：优先在华东区域上线动态看板，3个月内迭代优化后全国推广。

图 4.28 输出模拟答案

根据以上提示，在分析各个维度的基础上，我们需要继续整合一些历史数据来完善汇报资料，如将"618""双11"的销售情况、投入产出情况在月度分析下面补充一张PPT做进一步的说明。例如，"618"期间（6月15日—6月20日）6天销售额占比6月份总销售的60%（时间占比为20%），6月份销售额占比全年销售额的12%（时间占比为8.3%）。按照此类对比方式，可以明显看出大型促销活动对销售额的提升效果明显，因此也进一步说明，下一年的促销活动需要更加重视。

4.3.3　使用 DeepSeek 辅助撰写汇报逐字稿

为了让汇报过程中的重点更突出，可以让 DeepSeek 针对汇报资料输出一份逐字稿。具体操作步骤如下。

（1）在 DeepSeek 官网页面上传汇报资料，按照"背景＋目的＋要求"的逻辑输入提示词"以上为本次汇报资料，听众有总经理、区域总经理、业务总监、运营总监以及其他人员，请帮我撰写一份汇报逐字稿，要求逻辑清晰、重点突出"，如图 4.29 所示。

图 4.29　上传文件并输入提示词

（2）DeepSeek 的输出结果如图 4.30 所示。

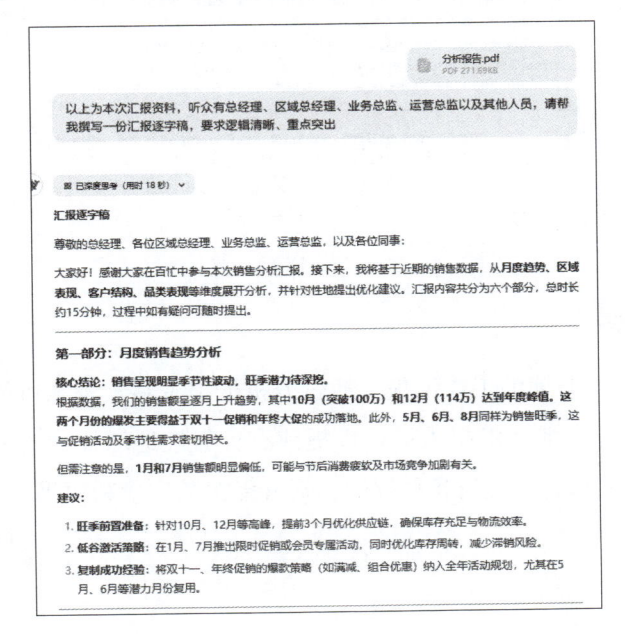

图 4.30　输出结果

> **第二部分：区域销售表现**
>
> **核心结论：华东、中南为核心引擎，西北市场亟待突破。**
> 当前，华东地区贡献35.4%的销售额，中南紧随其后，两者合计占比超60%，是绝对的销售主力。而西北地区仅占5.3%，存在较大增长空间。
>
> **建议：**
>
> 1. **巩固优势区域：** 在华东、中南加大广告投放和渠道拓展，例如与当地科技园区（华东）和家居卖场（中南）深化合作。
> 2. **挖掘西北潜力：** 成立专项小组调研西北市场需求，重点优化产品组合（如高性价比品类）和定价策略，逐步试点推广。
>
> **第三部分：客户结构分析**
>
> **核心结论：消费者市场为主力，小微企业潜力待释放。**
> 数据显示，消费者市场贡献45.3%的销售额，而小微企业占比最低，但年增长率显示其具备开发价值。
>
> **建议：**
>
> 1. **消费者市场：** 推出会员等级体系与节日定制礼包（如中秋、春节），增强用户粘性。
> 2. **小微企业市场：** 设计轻量化产品套餐（如办公设备+耗材捆绑销售），并提供灵活账期支持，降低采购门槛。

> **第四部分：品类表现与区域联动**
>
> **核心结论：家具与技术类主导市场，区域特性显著。**
> 家具和技术类产品合计占比70%，其中华中地区家具销售突出（当地工厂聚集），而中南、华东的技术类产品热销（科技企业密集）。相比之下，办公用品虽占比低，但需求稳定。
>
> **建议：**
>
> 1. **优势品类强化：** 对家具、技术类产品实施差异化升级（如智能家居、技术增值服务），并建立动态库存预警机制。
> 2. **区域联动策略：** 在西北、西南地区，优先推广办公用品的订阅制服务（如定期配送文具包），逐步培养用户习惯。
>
> **第五部分：综合策略与落地计划**
>
> 基于以上分析，我们提出四大核心策略：
>
> 1. **区域聚焦与突破：** 资源向华东、中南倾斜，同时试点西北市场（Q3完成首轮调研与方案制定）。
> 2. **产品竞争力升级：** 技术类产品增加售后技术支持，家具类推出环保认证系列（Q2上线）。
> 3. **旺季精准规划：** 10月、12月促销方案需在6月前敲定，并联动供应链、市场部同步推进。
> 4. **数据驱动运营：** 建立实时销售看板，监控区域、品类动态，确保「周度复盘、月度调整」。
>
> **总结**
>
> 各位领导，本次汇报的核心目标是通过数据洞察，明确「稳大盘、挖增量、提效率」的策略方向。接下来，我们将围绕四大策略制定详细执行计划，并在3个工作日内同步至各部门负责人。
>
> 我的汇报到此结束，感谢大家的聆听！现在欢迎各位提出问题或建议，我们将逐一解答。

图 4.30　输出结果（续）

4.3.4　小结

　　DeepSeek 能够辅助工作汇报，通过分析汇报资料，预知可能会被问到的问题。借助这一功能，汇报人员可以提前有针对性地增加相关内容或准备汇报细节，从而更从容地应对各种提问，提升汇报的质量和效果。

第 5 章　DeepSeek 行业分析应用

DeepSeek 在行业分析应用中，获取最新信息、数据自助获取与整理，以及行业报告要点解读是确保分析质量与决策效率的核心环节。获取最新信息是时效性与竞争力的基石，通过动态市场响应、多渠道整合和风险预警，企业能够实时掌握行业动态，避免误判并提前部署应对策略。数据自助获取与整理则通过自动化工具、数据清洗与标准化，以及结构化存储，大幅提升效率与精准性，缩短数据准备周期并支持长期趋势研究。行业报告要点解读作为从数据到决策的桥梁，通过关键洞察提取、可视化与叙事结合，以及决策导向建议，将复杂数据转化为直观结论和行动方案。获取最新信息、数据自助获取与整理、行业报告要点解读三者环环相扣，动态信息、高效数据处理和精准解读共同构建高效分析体系，助力企业快速响应市场变化并制定科学决策。

5.1　获取行业最新信息

DeepSeek 的联网搜索模式支持实时获取互联网最新信息，弥补预训练数据（截至 2024 年 7 月）的局限性。为了获取最新的行业信息，在提问时需要选择"联网搜索"功能，以便直接获取动态事件、行业趋势等实时数据。

适用场景：查询 2025 年最新政策、行业热点（如"2025 年新能源补贴政策变化"）、分析突发事件等。

5.1.1　获取行业信息的常用方法

获取行业信息是了解市场动态、把握发展趋势的重要手段。以下是一些常用的获取行业信息的方法。

1. 官方渠道

（1）政府机构网站。

• 国家统计局：提供宏观经济数据、行业统计数据等。例如，通过国家统计局网站可以查询到不同行业的产值、就业人数、进出口数据等详细信息，这些数据能够反映行业的整体规模和发展趋势。

• 行业主管部门网站：如工业和信息化部网站，对于制造业、通信业等行业有详细的政策解读、行业规划和运行数据。这些数据可以帮助了解行业的监管环境和政策导向。

（2）行业协会。行业协会通常会发布行业报告、白皮书等。例如，中国汽车工业协会会定期发布汽车行业的产销数据、市场分析报告等。这些报告内容涵盖了行业现状、技术发展趋势、市场竞争格局等多个方面，是深入了解行业内部情况的重要资源。

2. 新闻媒体

（1）综合新闻媒体。如《人民日报》《经济日报》等传统媒体，会有关于各行业的重要新闻报道。这些报道可以提供宏观层面的行业动态，如国家政策对行业的影响、重大行业事件等。一些知名的新闻网站如新华网、人民网等，也会有行业新闻频道，汇集了各个行业的最新资讯。

（2）行业媒体。针对特定行业，有许多专业的媒体。例如，科技行业的36氪、虎嗅等媒体，会深入报道科技企业的融资动态、技术创新、产品发布等信息。这些媒体往往有专业的记者和编辑团队，能够提供深入的行业分析和独家新闻。

3. 企业自身

（1）企业官网。企业的官方网站是了解企业自身情况和行业动态的窗口。企业会在官网上发布公司新闻、产品信息、企业战略等内容。例如，华为公司的官网会展示其最新的5G技术成果、手机产品发布信息等，通过这些内容可以了解企业在行业中的技术领先地位和产品发展方向。

（2）企业年报和公告。上市公司会发布年报，其中包含企业的财务数据、经营成果、行业地位等内容。例如，阿里巴巴的年报会详细披露其电商业务的营收、用户增长、市场竞争情况等信息。同时，企业还会在证券交易所等平台发布各类公告，如重大合同签订、投资项目启动等公告，这些信息对于了解企业动态和行业趋势非常有价值。

4. 社交网络和专业平台

（1）社交媒体。在 LinkedIn 上，有许多行业专家、企业管理者分享行业见解和经验。例如，科技领域的专家会在 LinkedIn 上讨论人工智能技术在各行业的应用前景。此外，微博等社交平台上的行业话题标签（如#人工智能#、#新能源汽车#）也能聚集大量的行业信息和讨论内容。

（2）专业数据库和平台。如艾瑞咨询、易观智库等专业市场研究机构的数据库，提供了大量的行业研究报告和数据。这些报告通常经过专业的市场调研和分析，内容包括市场规模预测、消费者行为分析、竞争态势分析等。还有彭博资讯、路透社金融终端等金融数据平台，对于金融行业及相关领域的投资者和从业者来说，是获取精准行业信息的重要工具。

通过以上多种方法获取行业信息，可以全面、深入地了解行业的现状和发展趋势，为企业进行决策和研究提供有力的支持。

5.1.2 获取行业最新信息及网址

（1）在 DeepSeek 官网按照"身份+目标"的逻辑输入提示词"作为房地产从业者，请帮我收集最近3年权威机构发布的房地产相关的信息，以表格的形式输出，内容包括：标题、发布时间、网址"，同时打开"联网搜索"模式，如图5.1所示。

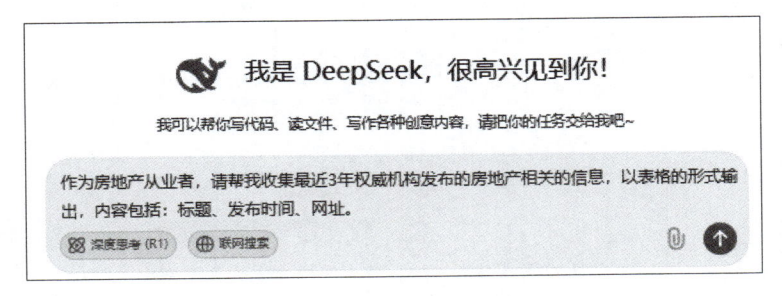

图5.1　输入提示词

（2）按照 DeepSeek 输出的内容，查看每条信息，如图5.2所示。

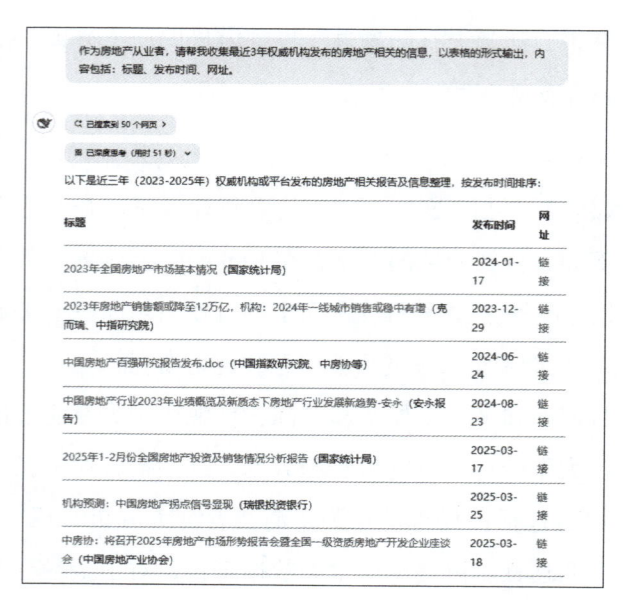

图 5.2　查看每条信息

（3）按照发布时间降序整理信息。输入提示词"按照信息发布时间进行降序排列"，如图 5.3 所示。

图 5.3　再次调整输出结果

（4）对搜集到的信息进行来源分类。输入提示词"请将前面一步的信息进行分类，并将原字段与分类字段整合到表中"，输出结果如图 5.4 所示。

分类字段	标题	发布时间	网址	来源机构/说明
政策与市场趋势分析	机构预测：中国房地产拐点信号显现	2025-03-25	链接	瑞银投资银行，指出土地溢价回升、二手房交易复苏等企稳信号 [citation:原历史回答]
政策与市场趋势分析	中房协：将召开2025年房地产市场形势报告会暨全国一级资质房地产开发企业座谈会	2025-03-18	链接	中国房地产业协会，聚焦政策方向与企业战略[citation:原历史回答]
市场供需与库存分析	2025年1-2月份全国房地产投资及销售情况分析报告	2025-03-17	链接	国家统计局，分析投资及销售数据 [citation:原历史回答]
政策与市场趋势分析	中国房地产报：2025年房地产市场止跌回稳可期	2025-03-02	链接	中国房地产报，提出政策支持下的市场平衡预期
政策与市场趋势分析	2025年房地产市场止跌回稳可期 | 智库	2025-03-02	链接	广开首席产业研究院，预测销售跌幅收窄、一线城市房价企稳
市场供需与库存分析	2025年1-2月西安房地产企业销售业绩排行榜	2025-03-01	链接	中指研究院，区域市场销售数据与趋势分析
政策与市场趋势分析	前瞻2025：中国房地产市场或现四大变化	2025-01-02	链接	中国新闻网，分析政策宽松、现房销售扩大等趋势
政策与市场趋势分析	机构预计：2025年房地产政策宽松基调或将延续	2024-12-19	链接	中指研究院，强调需求与供给双向政策优化
市场供需与库存分析	房地产市场回暖趋势明显，多机构预测2025年房价企稳	2024-12-13	链接	广发证券、中金公司等，基于租金收益率回升的分析
政策与市场趋势分析	机构看市：2025年房地产市场研判	2024-12-07	链接	城市与区域治理研究院，综合宏观政策与行业变量预测

图 5.4　输出结果

5.1.3　小结

　　DeepSeek 在联网搜索的状态可以快速获取最新的行业信息，并提供信息具体的网址，提高了搜集行业信息的效率。

5.2　行业数据自助获取与整理

行业数据往往分散在各种分析网站、图片或者财务报表中，借助 DeepSeek

179

零基础玩转 DeepSeek：秒懂数据分析

可以快速整理这些数据，并输出数据表格。

5.2.1 获取图片中的数据

（1）将图片上传到 DeepSeek 官网，输入提示词"请帮我提取以上图片中的数据，并整理成表格"，如图 5.5 所示。

图 5.5 输入提示词

（2）输出结果如图 5.6 所示。

图 5.6 输出结果

5.2.2 获取网页中的数据

DeepSeek 当前无法直接获得网页信息，因此需要复制网页中的信息到 DeepSeek 官网。

第 5 章　DeepSeek 行业分析应用

（1）复制某网页中的内容，并在 DeepSeek 官网输入提示词"提取以下文字中的数据，并整理成表格"，如图 5.7 所示。

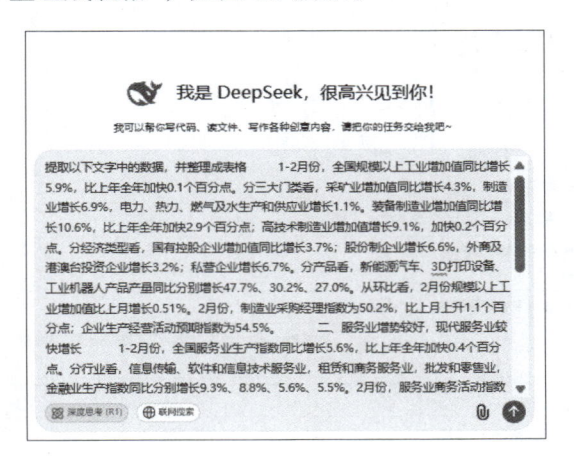

图 5.7　复制某网页中的内容

（2）输出结果如图 5.8 所示。

图 5.8　输出结果

一、工业增加值（1-2月份）

类别	同比增长率	备注
全国规模以上工业增加值	5.9%	比上年全年加快0.1个百分点
分三大门类		
- 采矿业	4.3%	
- 制造业	6.9%	
- 电力、热力、燃气及水生产供应业	1.1%	
装备制造业	10.6%	比上年全年加快2.9个百分点
高技术制造业	9.1%	比上年全年加快0.2个百分点
分经济类型		
- 国有控股企业	3.7%	
- 股份制企业	6.6%	
- 外商及港澳台投资企业	3.2%	
- 私营企业	6.7%	
分产品		
- 新能源汽车	47.7%	
- 3D打印设备	30.2%	
- 工业机器人	27.0%	
环比增长（2月份）	0.51%	规模以上工业增加值环比增速
制造业采购经理指数（2月）	50.2%	环比上升1.1个百分点
企业生产经营活动预期指数	54.5%	

181

零基础玩转 DeepSeek：秒懂数据分析

二、服务业增长（1-2月份）

类别	同比增长率	备注
全国服务业生产指数	5.6%	比上年全年加快0.4个百分点
分行业		
- 信息传输、软件和信息技术服务业	9.3%	
- 租赁和商务服务业	8.8%	
- 批发和零售业	5.6%	
- 金融业	5.5%	
服务业商务活动指数（2月）	50.0%	
服务业业务活动预期指数	56.9%	
高景气行业（2月）	>55.0%	航空运输、邮政、电信广播电视及卫星传输服务、货币金融服务、资本市场服务

三、市场销售（1-2月份）

类别	数值/增长率	备注
社会消费品零售总额	83,731亿元	同比增长4.0%（比上年全年加快0.5个百分点）
分经营单位所在地		
- 城镇消费品零售额	72,462亿元	增长3.8%
- 乡村消费品零售额	11,269亿元	增长4.6%
分消费类型		
- 商品零售额	73,939亿元	增长3.9%
- 餐饮收入	9,792亿元	增长4.3%
重点商品类别		
- 粮油食品类（限额以上单位）	11.5%	
- 体育娱乐用品类	25.0%	
- 通讯器材类（以旧换新）	26.2%	
- 文化办公用品类	21.8%	
- 家具类	11.7%	
- 家用电器和音像器材类	10.9%	
全国网上零售额	22,763亿元	同比增长7.3%
- 实物商品网上零售额	18,633亿元	增长5.0%（占社会消费品零售总额的22.3%）
环比增长（2月）	0.35%	社会消费品零售总额环比增速
服务零售额	-	同比增长4.9%

图 5.8　输出结果（续）

5.2.3　获取文件中的数据

（1）将文件上传到 DeepSeek 官网，输入提示词"请帮我提取以上文件中的数据，并以表格的形式展现"，如图 5.9 所示。

第 5 章 DeepSeek 行业分析应用

图 5.9 上传文件并输入提示词

（2）输出结果如图 5.10 所示。

以下是小米集团2024年度关键财务及业务数据的表格整理：

综合财务数据（人民币亿元）

指标	2024全年	2023全年	同比变动	2024Q4	2023Q4	同比变动
收入	3,659.06	2,709.70	+35.0%	1,090.05	732.44	+48.8%
毛利	765.60	574.76	+33.2%	224.55	156.14	+43.8%
毛利率	20.9%	21.2%	-0.3pp	20.6%	21.3%	-0.7pp
经营利润	245.03	200.09	+22.5%	88.90	50.57	+75.8%
净利润（经调整）	272.35	192.73	+41.3%	83.16	49.10	+69.4%

分业务收入（人民币亿元）

业务分部	2024全年	占比	2023全年	同比变动
手机×AIoT	3,331.53	91.0%	2,709.70	+22.9%
- 智能手机	1,917.59	52.4%	1,574.61	+21.8%
- IoT与生活消费产品	1,041.04	28.5%	801.08	+30.0%
- 互联网服务	341.15	9.3%	301.07	+13.3%
智能电动汽车等创新业务	327.54	9.0%	-	-

智能手机业务关键指标

指标	2024全年	2023全年	同比变动
出货量（百万台）	168.5	145.6	+15.7%
平均售价（ASP，元）	1,138.2	1,081.7	+5.2%
全球市场份额	13.8%	12.8%	+1.0pp

图 5.10 输出结果

IoT与生活消费产品		
产品类别	2024全年出货量	同比增速
空调（万台）	680	>50%
冰箱（万台）	270	>30%
洗衣机（万台）	190	>45%
全球AIoT设备连接数（亿台）	9.05	+22.3%

智能电动汽车业务	
指标	2024全年
收入（亿元）	321
交付量（辆）	136,854
毛利率	18.5%
经调整净亏损（亿元）	62

研发与全球化		
指标	2024全年	
研发支出（亿元）	241	+25.9%
研发人员占比	48.5%	
境外收入占比	41.9%	
全球门店数量（中国大陆）	15,000家	

用户与生态数据		
指标	2024年12月	
全球月活跃用户数（百万）	702.3	+9.5%
米家APP月活用户（百万）	100.8	+17.5%
小爱同学月活用户（百万）	137.1	+12.0%

其他关键数据
- 股票回购：2024年回购金额37亿港元，累计回购2.56亿股。
- 现金储备：截至2024年底，现金及等价物337亿元，总现金储备1,751亿元。
- 员工数量：全职员工43,688人，研发占比48.5%。

（注：部分数据因四舍五入可能存在微小差异。）

图 5.10　输出结果（续）

5.2.4　小结

　　DeepSeek 尚无法满足直接获取网页中的信息，需要将信息内容复制出来才能提取，且复制的信息长度不宜过长，否则无法提交。在对图片数据和文件数据的读取中，可以顺利实现数据的提取和总结。

5.3　行业报告要点解读

　　针对行业分析报告要点解读存在诸多难点。首先，数据复杂且时效性强，需要整理验证并判断其时效性。其次，行业知识与背景要求高，专业术语多，需了解行业历史、现状和趋势。再次，报告逻辑与结构复杂，需要梳理逻辑关系并抓住重点内容。此外，预测与建议的解读难度大，需要评估假设模型的合理性和建议的可行性。最后，主观因素影响解读结果，解读者的知识经验及主观判断都会对解读结果产生影响。总之，解读行业分析报告需要综合多方面考虑，不断学习实践才能提高能力，借助 DeepSeek 能快速解读行业分析报告的重点和要点。

5.3.1 解读单个文件的要点

（1）将文件上传到 DeepSeek 官网，输入提示词"请帮我分析以上文件的内容，并将文件的重点和要点罗列出来"，如图 5.11 所示。

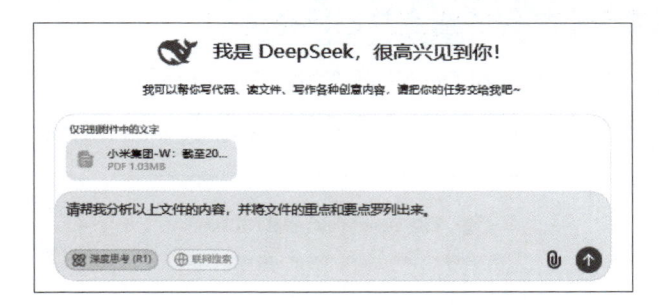

图 5.11 上传文件并输入提示词

（2）输出结果如图 5.12 所示。

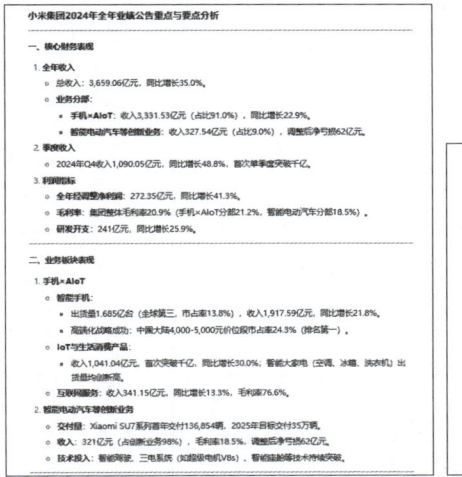

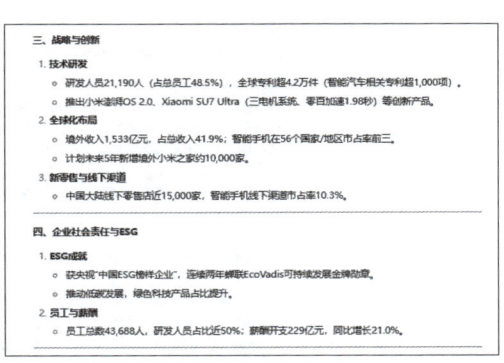

图 5.12 输出结果

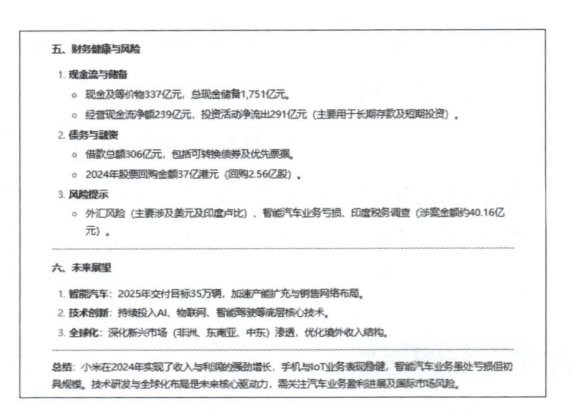

图 5.12　输出结果（续）

5.3.2　解读多个文件的要点并进行整理

（1）将多个文件上传到 DeepSeek 官网，输入提示词"请帮我分析以上几个文件的内容，并总结文件要点，输出要点总结"，如图 5.13 所示。

图 5.13　上传文件并输入提示词

（2）输出结果如图 5.14 所示。

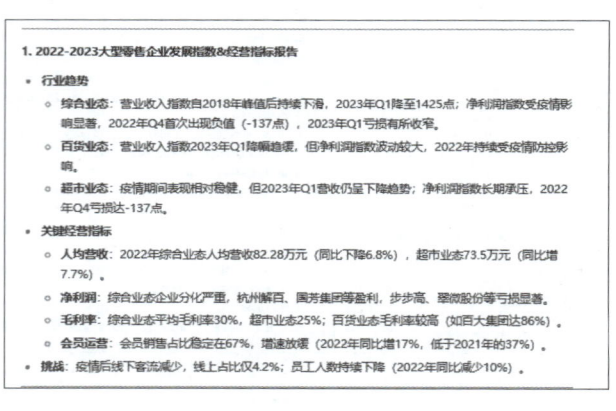

图 5.14　输出结果

```
2. 2023年双11医药保健赛道网络零售全景洞察
  • 品类表现
    ○ 高增长品类：器械类（电动轮椅、雾化器、制氧机）零售额同比超200%；保健食品中蛋白粉、胶
      原蛋白肽增速显著。
    ○ 价格趋势：300元以上价格段份额提升，500-1000元区间涨幅最大（+1.7%），消费者更关注品
      质。
  • 品牌与产品
    ○ TOP10品牌：瑞思、汤臣倍健、鱼跃位列前三；欧姆龙、安视优新上榜。
    ○ 畅销单品：直播间驱动的器械类（如福珍电动轮椅）和营养品（如小仙炖燕窝）占据主导。
  • 趋势洞察
    ○ 消费升级：安全、无副作用的植物提取物（玫瑰精油、银杏）增速超100%。
    ○ 渠道分化：天猫、京东占主导（合计80%份额），抖音增速快但占比仍低（10%）。
    ○ 国产品牌崛起：TOP20品牌中13个为国产品牌（如东阿阿胶、WONDERLAB）。

3. 2023食品饮料行业零售数字化洞察报告
  • 市场现状
    ○ 市场规模：2022年线上零售额增长15.7%，预制菜、健康食品受资本青睐。
    ○ 投融资：全年融资343起（金额426亿），酒饮、预制菜、健康食品为热门赛道。
  • 消费者行为
    ○ 核心需求：性价比（40%）、绿色健康（39%）、便捷即食（保健饮品增速100%）。
    ○ 渠道偏好：即时零售（美团、叮咚）占比提升，年轻群体更依赖社交媒体种草。
  • 数字化转型
    ○ DTC模式：品牌需协同经销商构建全渠道"一盘货"，优化库存与履约效率。
    ○ 挑战：传统企业面临利益分配（品牌与经销商）、数据孤岛（C端数据缺失）等问题。
    ○ 案例参考：某啤酒集团通过OMS中台整合B2B与DTC业务，实现订单统一管理。
  • 未来趋势：
    ○ 关键词：快（即时配送）、近（近场电商）、新（品类创新）、全（全渠道融合）。

交叉洞察
  • 共性挑战：各行业均面临线下客流减少、线上渗透率提升的转型压力。
  • 差异化策略：
    ○ 零售业：聚焦会员运营与毛利率优化；
    ○ 医药保健：深耕器械类与功能化产品；
    ○ 食品饮料：强化DTC模式与供应链弹性。
  • 技术驱动：数字化转型（OMS中台、全渠道一盘货）成为提升竞争力的核心手段。
```

图 5.14 输出结果（续）

5.3.3 小结

从文件要点解读层面来看，DeepSeek 具有天然的优势，主要是其基于自然语言的特性，在对自然语言类的资料处理上更有优势。因此，利用好 DeepSeek 能够极大地提升收集信息和数据的效率。

第 6 章　DeepSeek 企业综合案例应用

　　DeepSeek 作为一款先进的 AI 工具，通过数据整合、智能分析和自动化报告功能，显著提升了企业经营分析的效率和深度。在数据驱动的商业环境中，DeepSeek 能够快速整合分散的结构化和非结构化数据，打破数据孤岛，为企业提供全面、实时的数据视图。其智能分析功能基于机器学习和自然语言处理技术，能够自动识别关键趋势、异常点和潜在风险，生成精准的预测模型，帮助企业优化资源分配和市场策略。其自动化报告功能进一步提升了效率，自动生成高质量的可视化报告，涵盖关键指标、趋势分析和行动建议，满足不同层级管理者的决策需求。报告内容可根据受众需求定制化输出，大幅节省人工整理和撰写的时间成本。此外，DeepSeek 的实时性和动态性确保可以企业随时掌握经营状况的变化，根据最新数据调整策略，快速响应市场波动。

　　总之，DeepSeek 不仅是一个工具，更是一个智慧助手。它通过数据整合、智能分析和自动化报告，帮助企业从烦琐的数据处理中解放出来，专注于战略决策，从而提升效率、优化资源分配并增强市场竞争力，成为企业数字化转型和智能化升级的强大助力。

6.1　制作企业年度经营分析报告

6.1.1　收集数据

　　某企业年度财务数据见表 6.1。

表 6.1　某企业年度财务数据

月份	年度目标	实际完成	完成率 /%	去年同期	同期差额	同比增长率 /%
1	30688	41235	134.37	26995	14240	52.75
2	10991	31254	284.36	25000	6254	25.02

（续表）

月份	年度目标	实际完成	完成率/%	去年同期	同期差额	同比增长率/%
3	22179	20135	90.78	34086	−13951	−40.93
4	21317	22361	104.90	31250	−8889	−28.44
5	35369	41253	116.64	47581	−6328	−13.30
6	37588	12351	32.86	28207	−15856	−56.21
7	40038	41235	102.99	15000	26235	174.90
8	30918	41532	134.33	39454	2078	5.27
9	40711	31253	76.77	47569	−16316	−34.30
10	21189	40213	189.78	39634	579	1.46
11	21118	41251	195.34	20057	21194	105.67
12	27929	31256	111.91	24180	7076	29.26
合计	340035	395329	116.26	379013	16316	4.30

6.1.2 制作报告

1. 页面布局

（1）年度经营分析报告页面设计。在 Excel 中新建一个 Sheet，命名为"年度经营分析报告"，对页面进行整体设计。

选择"视图"→"显示"，取消勾选"网格线"复选框。选中 B2:Q60 数据区域，选择"开始"→"填充"，选择深蓝色，如图 6.1 和图 6.2 所示。

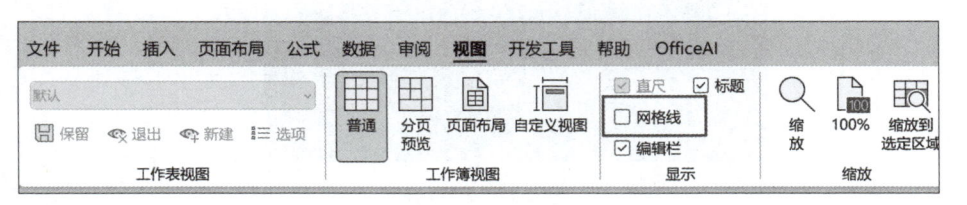

图 6.1 取消网格线

（2）设置报告标题。合并 B2:Q2 单元格，输入标题"年度经营分析报告"。设置字号为 28，加粗，字体为等线，如图 6.3 所示。选择"开始"→"格式"→"行高"，设置行高为 50，如图 6.4 所示。

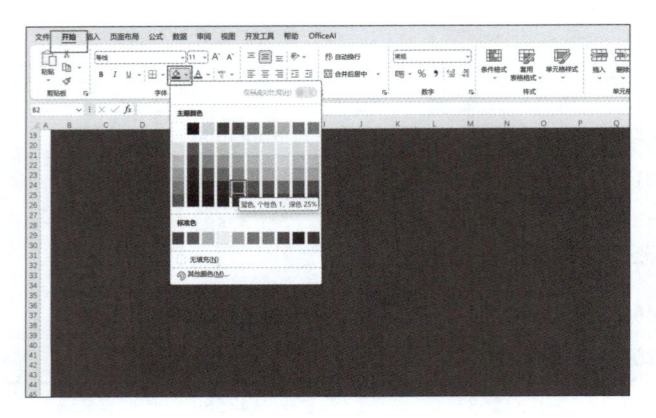

图 6.2　填充底色

图 6.3　设计报告标题

图 6.4　调整行高

2. 输入数据

合并 C3:D3 单元格，输入设置"目标"；合并 D4:E4 单元格，输入"= 年度数据 !B14"。调整字体为白色，设置"目标"标题字号为 16，数字字号为 24，加粗，如图 6.5 所示。

使用同样的方法，制作"实际完成""达成率""同期""同期差额""同比"等指标，如图 6.6 所示。

第 6 章　DeepSeek 企业综合案例应用

图 6.5　设置指标标题及指标

图 6.6　设置所有指标标题及指标

3. 制作图表

（1）利用 OfficeAI 内嵌 DeepSeek 大模型制作图表。输入提示词"基于 [年度数据]，制作年度总目标与年度实际达成的柱状图，标题 B1:C1，数值 B14:C14"，如图 6.7 所示。

（2）生成基础柱状图，如图 6.8 所示。

图 6.7　输入提示词　　　　　　　图 6.8　基础柱状图

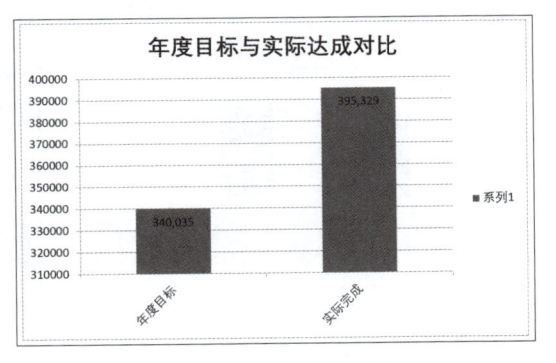

191

（3）优化柱状图。

删除图例和网格线：选中图例和网格线，按 Delete 键删除，如图 6.9 所示。

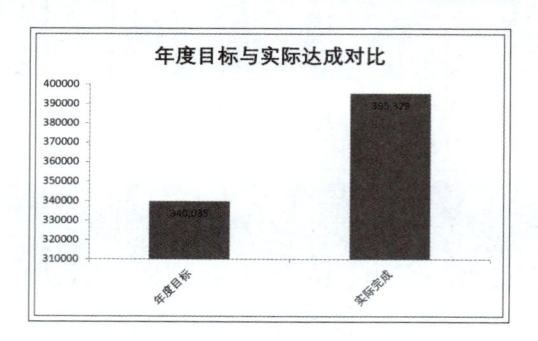

图 6.9　删除图例和网格线

调整 Y 轴：选中 Y 轴，右击，选择"设置坐标轴格式"选项，修改最小值为 0。然后选中 Y 轴，按 Delete 键删除，如图 6.10 和图 6.11 所示。

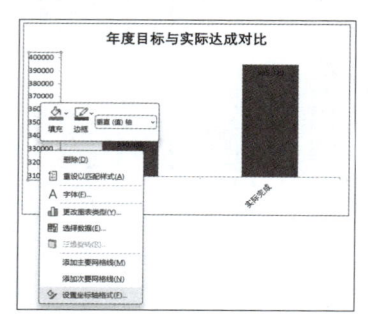

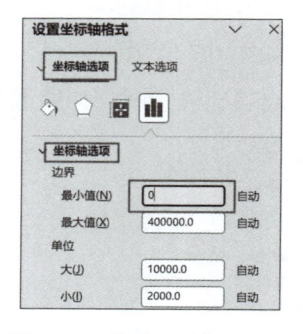

图 6.10　设置坐标轴格式　　　图 6.11　修改 Y 坐标最小值

调整 X 轴：选中 X 轴，右击，选择"设置坐标轴格式"→"文本选项"→"文本框"，修改"自定义角度"为 0，如图 6.12 和图 6.13 所示。

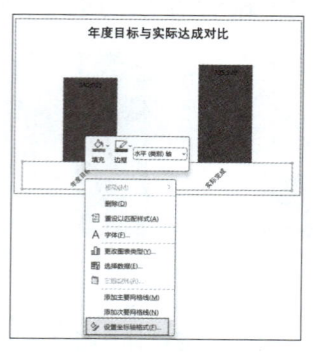

图 6.12　设置坐标轴格式　　　图 6.13　修改 X 轴文本的旋转角度

第 6 章 DeepSeek 企业综合案例应用

修改数据标签位置：选中数据标签，右击，选择"设置数据标签格式"→"标签选项"→"标签位置"→"数据标签外"，如图 6.14 和图 6.15 所示。

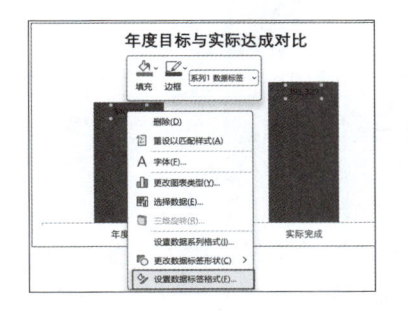

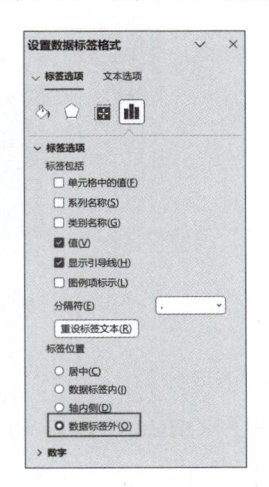

图 6.14　设置数据标签格式　　图 6.15　修改数据标签位置

修改边框：选中图表边框，右击，选择"设置图表区域格式"→"图表选项"→"边框"→"圆角"，如图 6.16 和图 6.17 所示。

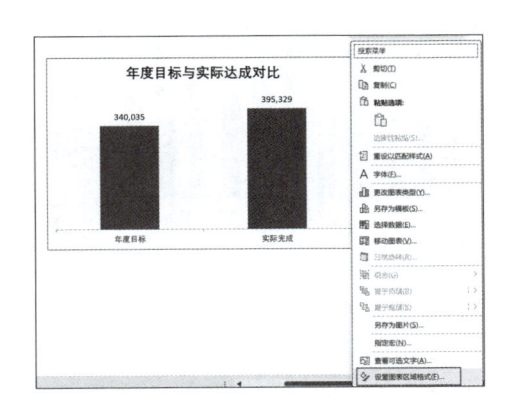

图 6.16　设置图表区域格式　　图 6.17　修改图表边框

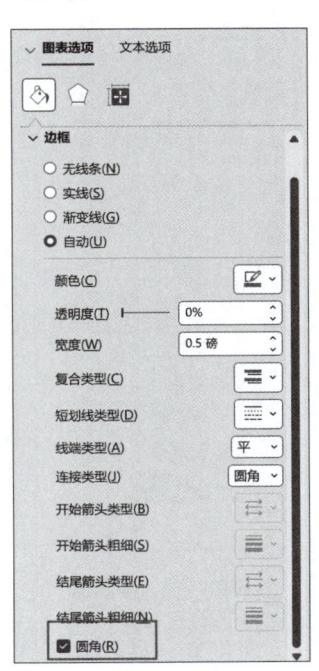

修改标题：将图表标题改为"年度目标达成分析"，如图 6.18 所示。

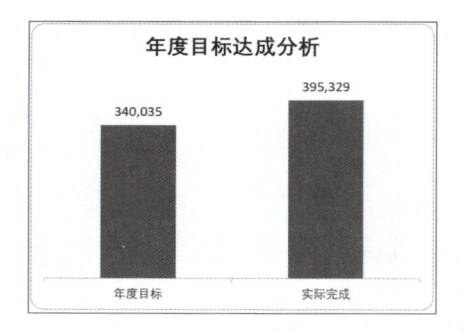

图 6.18　修改图表标题

4. 月度达成分析

（1）利用 OfficeAI 内嵌 DeepSeek 大模型制作图表。输入提示词"基于[年度数据]，制作月度销售额与达成率的的复合柱状-折线图，数据区域 A1:D13，X 轴 A1:A13，主 Y 轴 B1:C13，次 Y 轴 D1:D13"，如图 6.19 所示。

（2）生成复合柱状-折线图，如图 6.20 所示。

图 6.19　输入提示词　　　图 6.20　复合柱状-折线图

（3）优化复合柱状-折线图。

删除网格线：选中网格线，按 Delete 键删除，如图 6.21 所示。

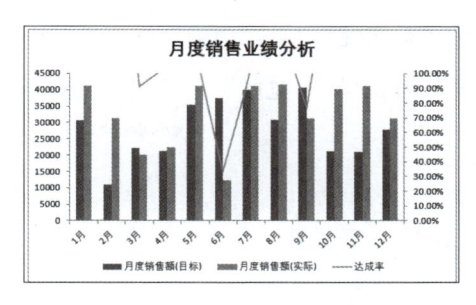

图 6.21 删除网格线

调整次 Y 轴：选中次 Y 轴，右击，选择"设置坐标轴格式"，修改最大值为 3.0。然后选中 Y 轴，按 Delete 键删除，如图 6.22 和图 6.23 所示。

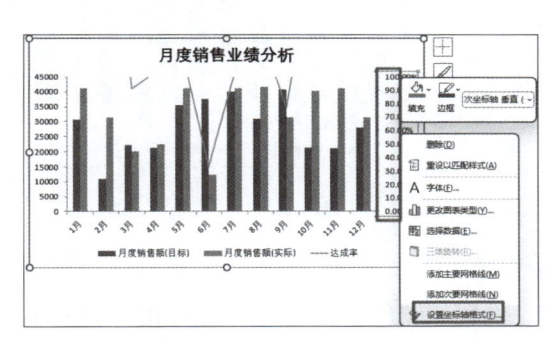

图 6.22 设置坐标轴格式

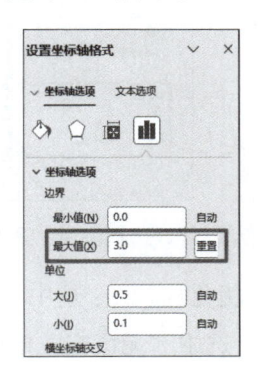

图 6.23 修改次 Y 轴最大值

优化柱状图：选中"月度销售额（目标）"柱子，右击，选择"设置数据系列格式"，修改"系列重叠"为 100%，"间隙宽度"为 60%，如图 6.24 和图 6.25 所示。

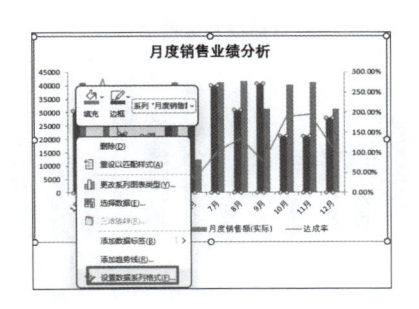

图 6.24 选中"月度销售额（目标）"柱子

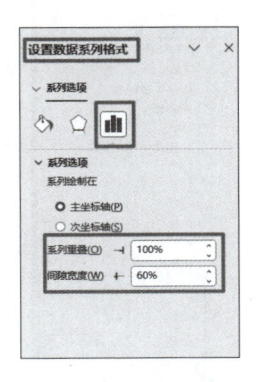

图 6.25 修改"系列重叠"及"间隙宽度"

优化柱状图：选择"系列选项"→"边框"，选中"实线"单选按钮，设置"颜色"为灰色，"透明度"为35%，"宽度"为5磅，如图6.26和图6.27所示。

图6.26　修改边框颜色、透明度和宽度

图6.27　修改后的图形

优化柱状图：选中"月度销售额（实际）"柱子，选择"系列选项"→"填充"，选中"无填充"单选按钮，设置"颜色"为金色，"透明度"为0%，"宽度"为1.5磅，如图6.28和图6.29所示。

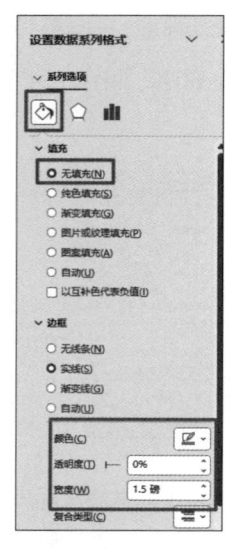

图6.28　设置填充和边框颜色

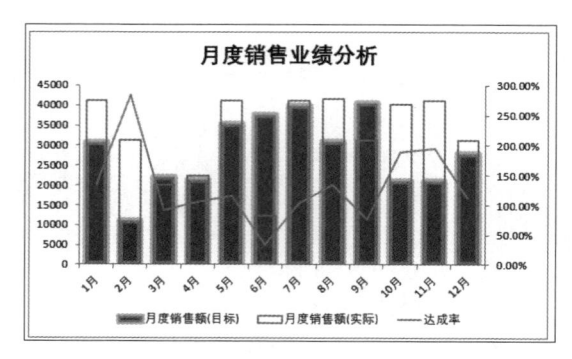

图6.29　优化后的图形

第 6 章 DeepSeek 企业综合案例应用

优化"达成率"折线：选中"达成率"折线，选择"系列选项"→"线条"，设置"颜色"为蓝色，"透明度"为 0%，"宽度"为 2 磅，勾选"平滑线"复选框，如图 6.30 和图 6.31 所示。

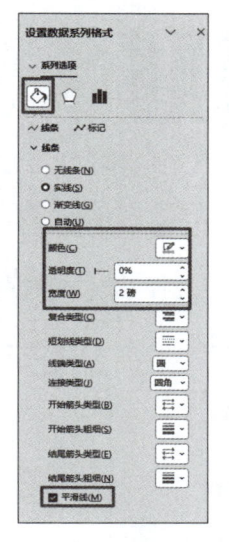

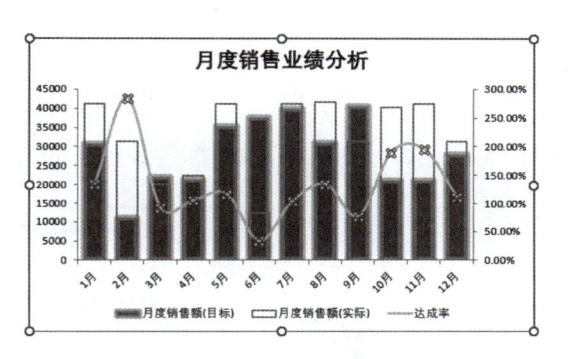

图 6.30　设置折线颜色和宽度　　　　图 6.31　优化后的折线

设置 Y 坐标轴格式：选中左侧主 Y 轴，修改字体大小为 1，颜色为白色，如图 6.32 所示。同样的方法设置右侧 Y 轴，如图 6.33 所示。

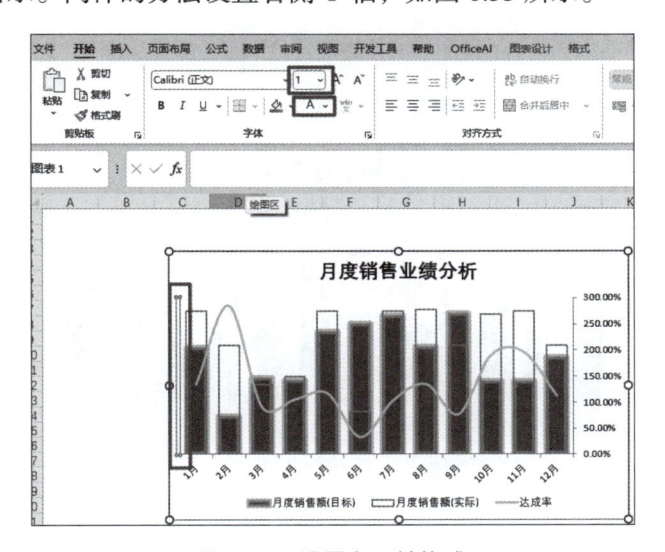

图 6.32　设置主 Y 轴格式

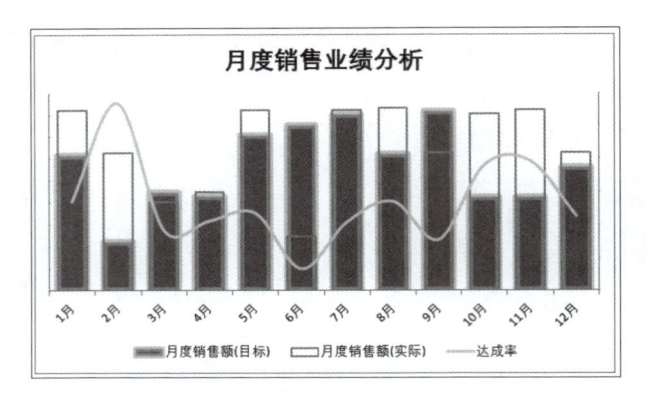

图 6.33　设置右侧 Y 轴格式

添加数据标签：分别选中柱状图和折线图，右击，选择"添加数据标签"，如图 6.34 所示。分别设置数据标签颜色，如图 6.35 所示。

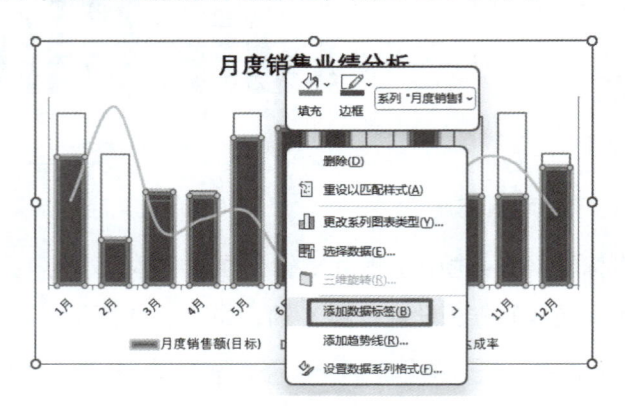

图 6.34　添加数据标签

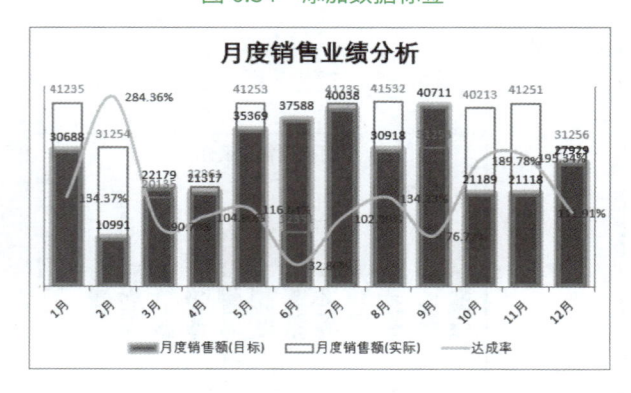

图 6.35　设置数据标签颜色

选中折线数据标签，设置标签位置靠上显示，如图 6.36 所示。

第 6 章 DeepSeek 企业综合案例应用

设置图表边框：选中图表边框，设置图表区域边框为圆角，如图 6.37 所示。

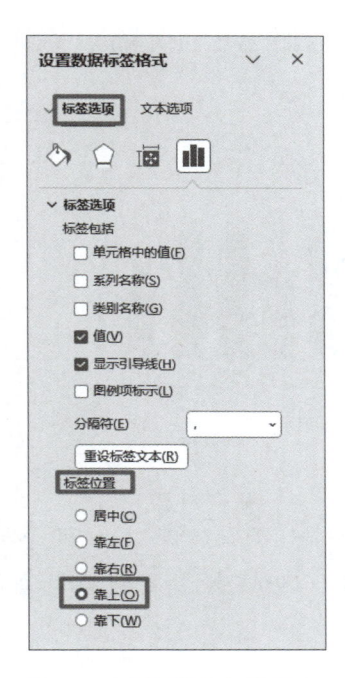

图 6.36　设置数据标签位置　　　　图 6.37　设置图表边框

修改图表标题：修改图表标题为"月度目标达成分析"，如图 6.38 所示。

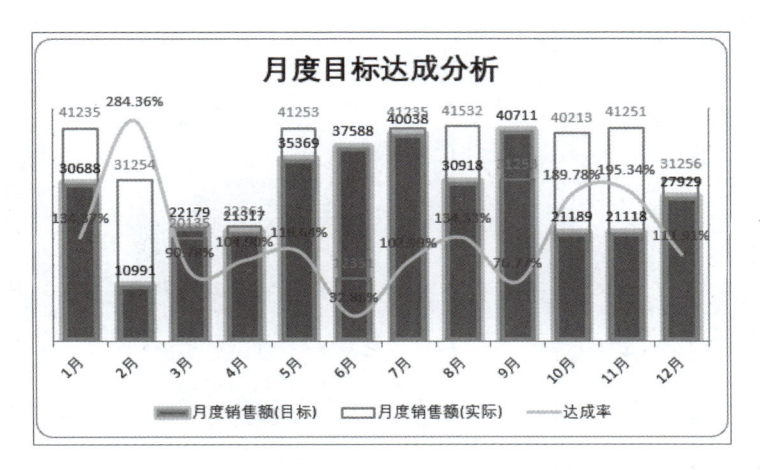

图 6.38　修改图表标题

5. 月度同期对比分析

输入提示词"基于[年度数据],制作月度完成与去年同期数据的对比复合柱状–折线图,X 轴 A1:A13,Y 轴 C1:C13、E1:E13,次 Y 轴 G1:G13"。

修改"系列重叠"为 60%,颜色填充分别为蓝色和橘黄色,最终效果如图 6.39 所示。

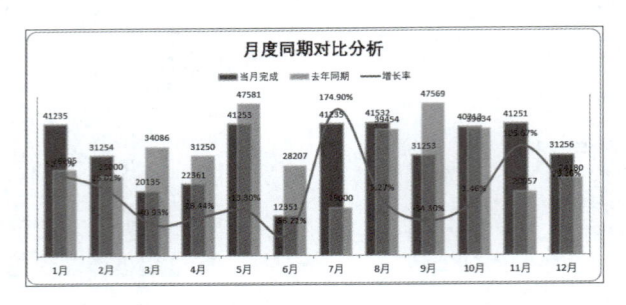

图 6.39　最终效果

6. 当年月度占比分析

(1)利用 OfficeAI 内嵌 DeepSeek 大模型制作图表。输入提示词"基于[年度数据],制作月度实际达成占比饼图,数据区域 A1:A13,C1:C13",如图 6.40 所示。

(2)生成基础饼图,如图 6.41 所示。

图 6.40　输入提示词　　　　图 6.41　基础饼图

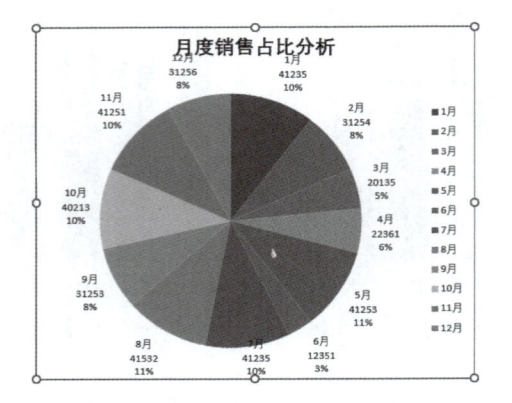

（3）优化饼图。

删除图例：选中图例，按 Delete 键删除，如图 6.42 所示。

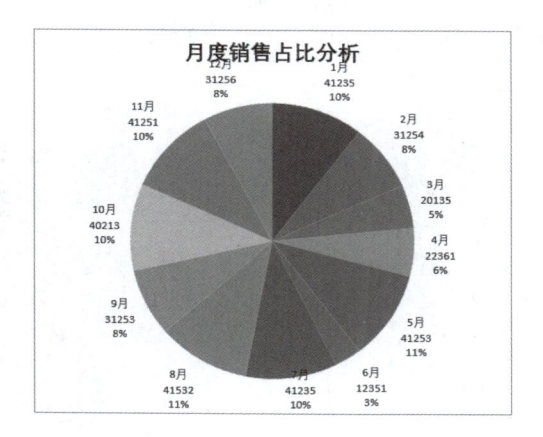

图 6.42　删除图例

调整数据标签位置：选中数据标签，右击，选择"设置数据标签格式"，设置标签位置显示在数据标签内，如图 6.43 和图 6.44 所示。

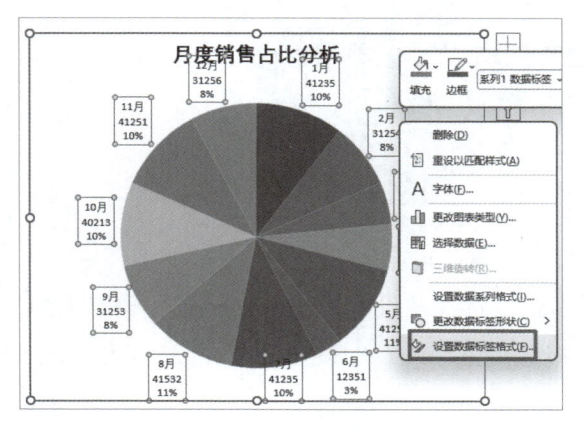

图 6.43　设置坐标轴格式

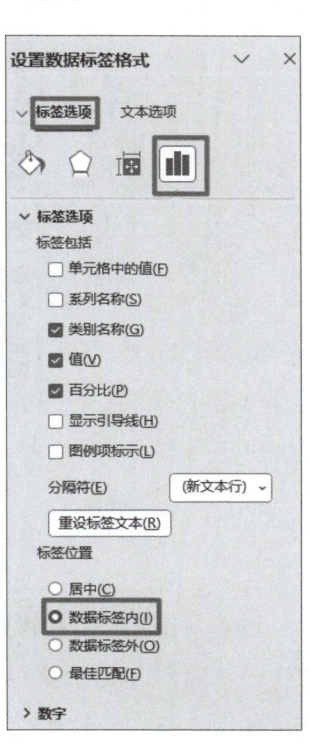

图 6.44　调整数据标签位置

修改数据标签值：取消勾选"标签选项"中的"值"复选框，如图 6.45 所示。修改效果如图 6.46 所示。

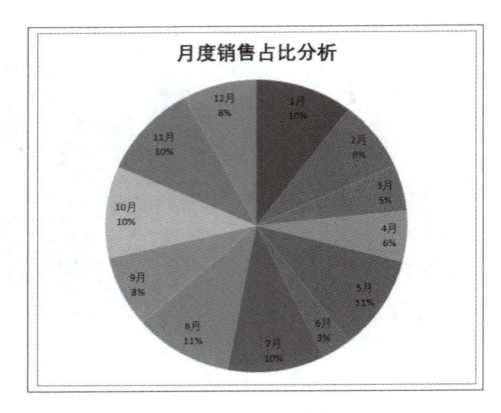

图 6.45　取消勾选"值"复选框　　　图 6.46　修改效果

修改饼图配色：选中饼图色块区域，选择"图表设计"→"更改颜色"，选择合适的颜色，如图 6.47 所示。

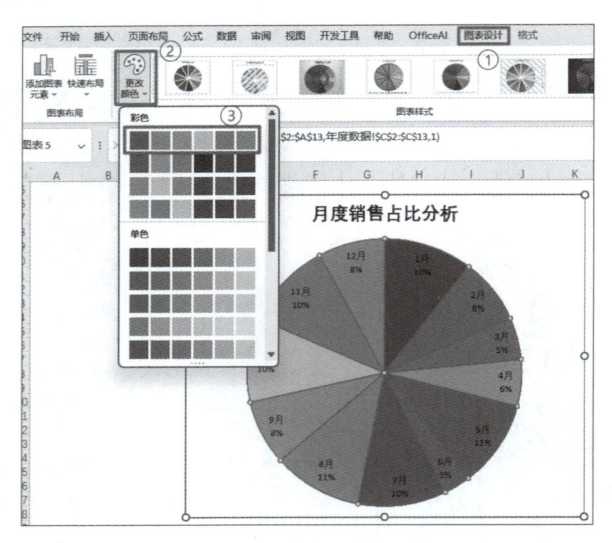

图 6.47　修改饼图配色

设置饼图边框：在饼图上右击，选择"设置数据系列格式"→"系列选项"→"边框"，选中"实线"单选按钮，设置"颜色"为白色，"宽度"为 1.5 磅，如图 6.48～图 6.50 所示。

第 6 章　DeepSeek 企业综合案例应用

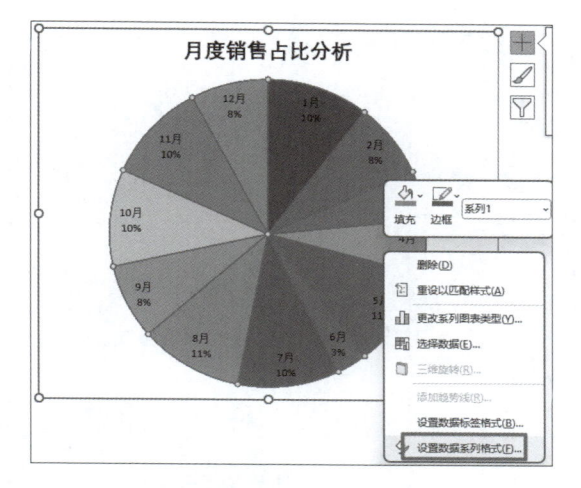

图 6.48　设置数据系列格式

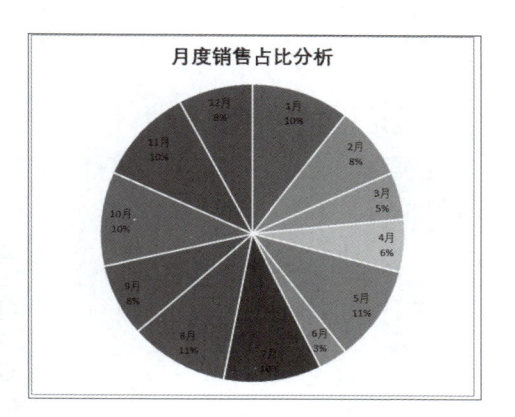

图 6.49　修改边框颜色和宽度　　图 6.50　修改后的饼图

修改数据标签字体大小和颜色：选中数据标签，修改字体大小为 10.5，字体颜色为白色，如图 6.51 所示。

203

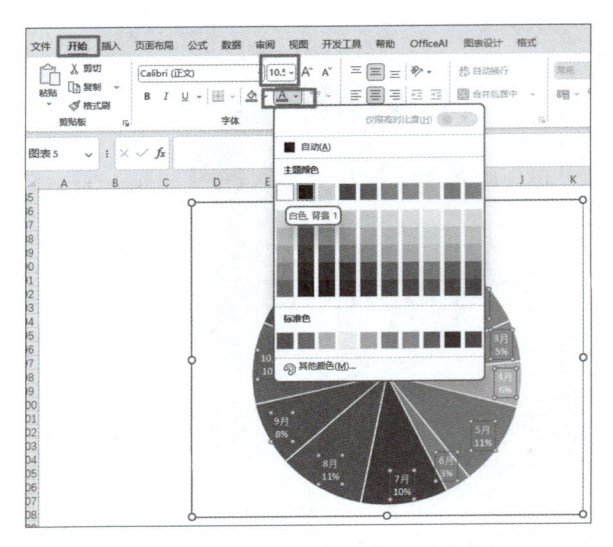

图 6.51　修改数据标签字体大小和颜色

设置图表边框：选中图表边框，设置图表区域边框为圆角，同时修改饼图大小，如图 6.52 和图 6.53 所示。

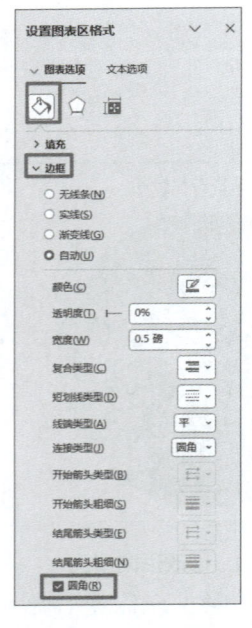

图 6.52　设置图表边框　　　　　图 6.53　修改后的饼图

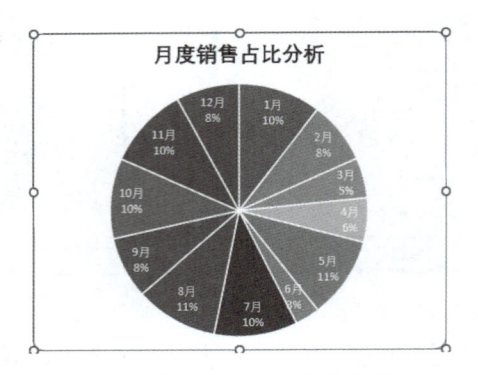

修改饼图标题：修改饼图标题为"当年月度占比分析"，如图 6.54 所示。

7. 同期月度占比分析

在 OfficeAI 面板中输入提示词"基于 [年度数据]，制作去年同期占比饼图，数据区域 A1:A13，E1:E13"，制作同期月度占比分析饼图，如图 6.55 所示。

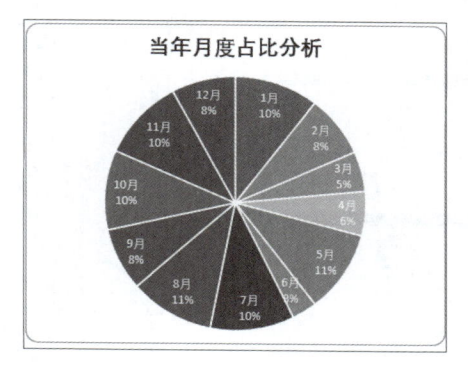

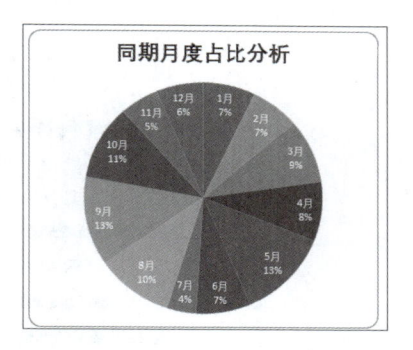

图 6.54　修改饼图标题　　　　图 6.55　同期月度占比分析饼图

8. 月度同期差额分析

（1）在 OfficeAI 面板中输入提示词"基于 [年度数据]，制作月度同期差额条形图，X 轴 A1:A13，Y 轴 F1:F13"，如图 6.56 所示。生成的条形图如图 6.57 所示。

图 6.56　输入提示词　　　　图 6.57　条形图

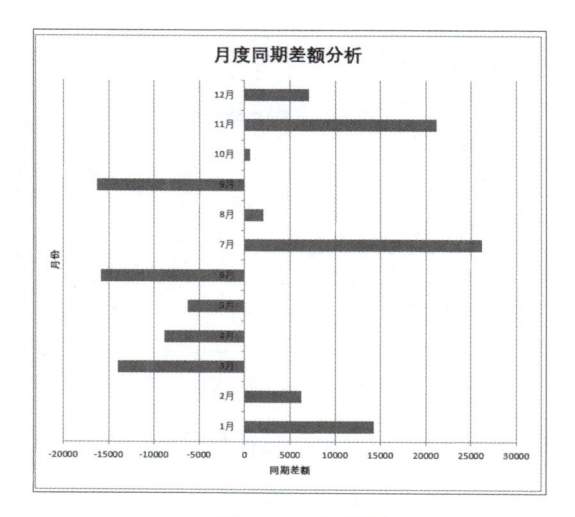

（2）优化条形图。

删除网格线：选中网格线，按 Delete 键删除，如图 6.58 所示。

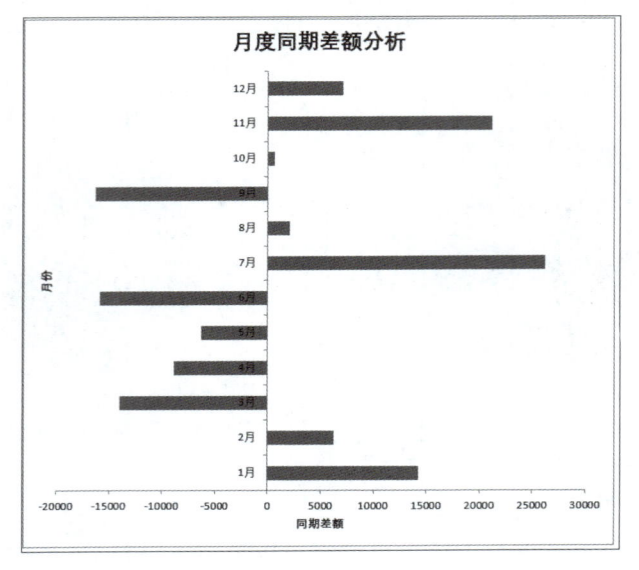

图 6.58　删除网格线

调整数据系列格式：选中条形图，右击，选择"设置数据系列格式"，设置"间隙宽度"为 60%，如图 6.59 和图 6.60 所示。

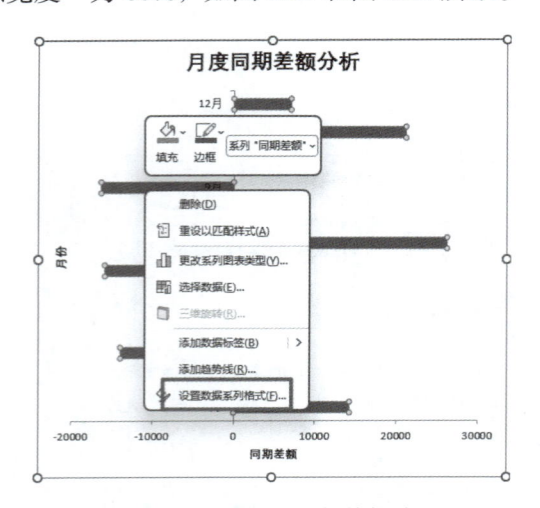

图 6.59　设置数据标签格式　　　　图 6.60　调整间隙宽度

调整条形图颜色：逐个选中左侧的条形图，修改为红色；右侧条形图保持为蓝色，如图 6.61 和图 6.62 所示。

第 6 章　DeepSeek 企业综合案例应用

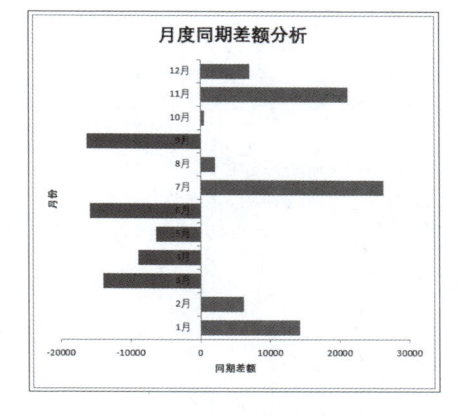

图 6.61　调整条形图颜色　　　图 6.62　调整后的效果

添加数据标签：选中条形图，右击，选择"添加数据标签"，如图 6.63 和图 6.64 所示。

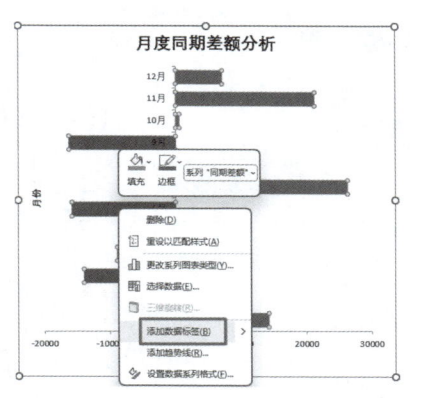

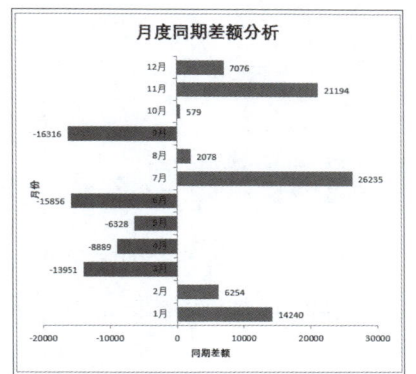

图 6.63　添加数据标签　　　图 6.64　调整后的效果

删除 X 轴和图例：分别选中 X 轴和图例，按 Delete 键删除，如图 6.65 所示。

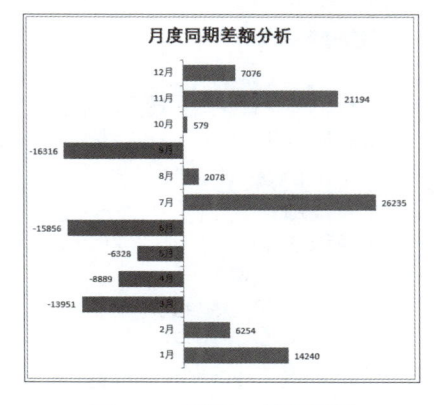

图 6.65　删除 X 轴和图例

207

修改图表边框：选中图表边框，设置图表区域边框为圆角，如图 6.66 和图 6.67 所示。

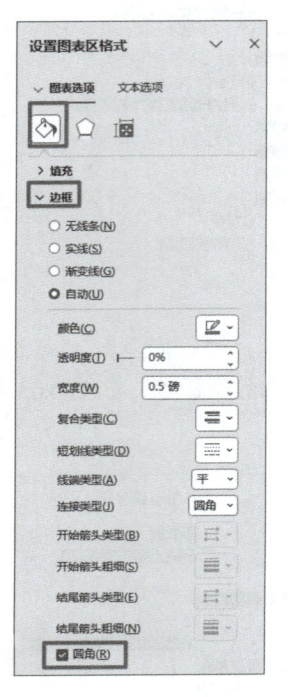

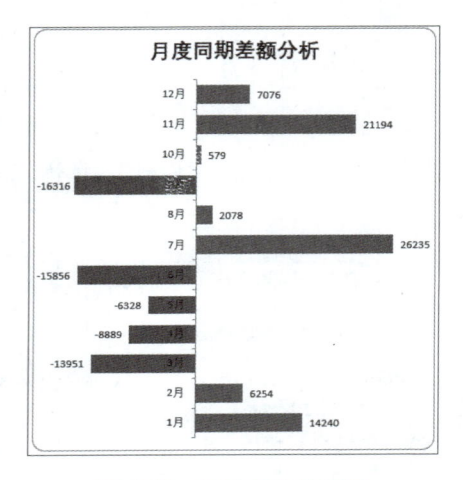

图 6.66　设置图表边框

图 6.67　修改后的条形图

修改标题：修改条形图标题为"同期差额对比分析"，如图 6.68 所示。

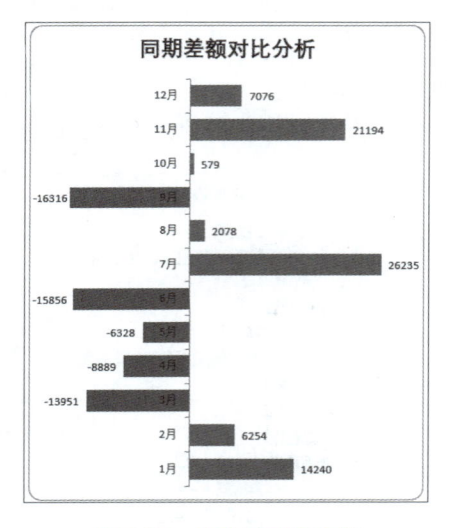

图 6.68　修改条形图标题

9. 整理分析报告

将以上制作好的图表在"年度经营分析报告"中进行布局，最终的"年度经营分析报告"如图 6.69 所示。

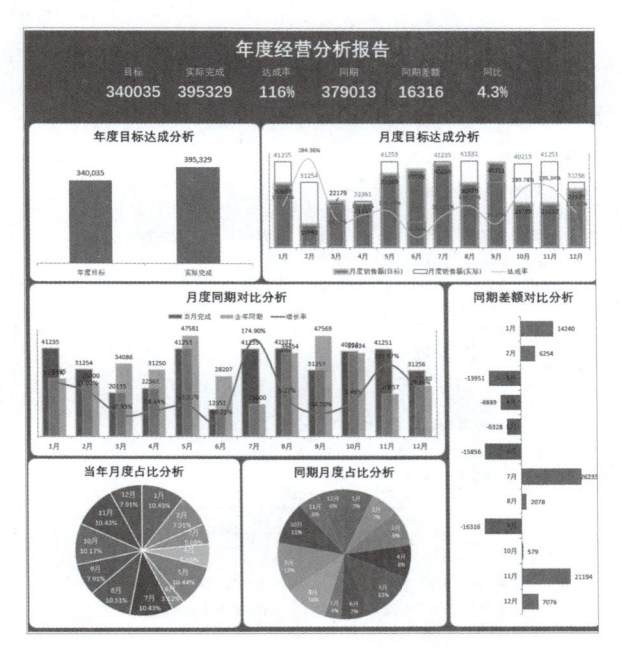

图 6.69　年度经营分析报告

10. 分析结论和分析建议

（1）在 DeepSeek 官网上传年度数据文件，并输入提示词"文件为年度销售数据，请帮我从各个维度进行分析，并给出分析结果和建议"，如图 6.70 所示。

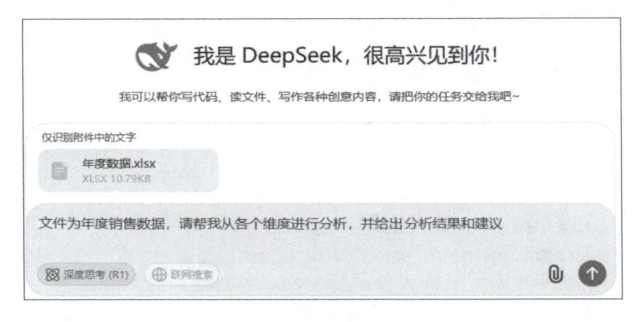

图 6.70　上传文件并输入提示词

（2）DeepSeek 的输出结果如图 6.71 所示。

```
1. 整体完成情况
  • 年度目标总额：339,526
  • 实际完成总额：403,579
  • 整体完成率：118.9%（超额完成）
  • 去年同期总额：396,313
  • 同比增长率：1.8%（增长平缓，需警惕市场饱和风险）。

2. 月度分析
完成率维度：
  • 超额完成月份（完成率 > 120%）：
    2月（284.3%）、10月（189.8%）、11月（195.3%）、7月（103.0%）、8月（134.3%）。
    建议：总结高完成率月份的成功经验（如促销策略、资源倾斜），推广至其他月份。
  • 未达标月份（完成率 < 100%）：
    3月（90.8%）、6月（32.9%）、9月（76.8%）。
    问题聚焦：6月完成率仅32.9%，目标设定（37,588）与实际（12,351）严重偏离，需排查原因（如供
    应链中断、市场竞争等）。

同比增长率维度：
  • 高增长月份：7月（+174.9%）、11月（+105.7%）。
    亮点：7月可能受益于暑期促销，11月或受"双十一"拉动。
  • 负增长月份：3月（-40.9%）、6月（-56.2%）、9月（-34.3%）。
    风险点：需警惕连续负增长对年度目标的拖累。
```

```
3. 目标设定合理性
  • 目标过低：2月目标（10,991）仅为实际完成（31,254）的35%，建议提高目标至合理区间。
  • 目标过高：6月目标（37,588）远超实际（12,351），需结合历史数据调整。
  • 建议：采用滚动预测法，结合市场动态优化月度目标。
```

```
4. 季节性趋势
  • 旺季：年末（11-12月）、年初（1-2月）表现强劲，可能与节日促销相关。
  • 淡季：3月、6月、9月表现疲软，需加强淡季营销（如折扣活动、跨界合作）。
```

```
5. 关键问题与建议
  • 6月异常分析：
    ○ 可能原因：库存不足、竞争对手冲击、季节性需求下降。
    ○ 建议：提前备货、加大淡季广告投放、推出限时优惠。
  • 负增长月份优化：
    ○ 3月、9月同比大幅下降，需复盘去年同期策略差异，调整产品组合。
  • 数据驱动决策：
    ○ 建立月度销售复盘机制，结合外部数据（市场份额、竞品动态）优化策略。
```

```
6. 总结建议
  1. 动态调整目标：对过低/过高目标重新校准，增强灵活性。
  2. 强化淡季营销：针对3月、6月、9月制定专项计划（如会员日、清仓促销）。
  3. 复制成功经验：将2月、11月的高效策略（如精准营销、渠道拓展）推广至其他月份。
  4. 加强数据监控：实时跟踪销售进展，快速响应异常波动。
```

图 6.71　输出结果

（3）识别 DeepSeek 输出的建议。

对于第 3 个分析结果，目标设定合理性，月份之间达成率差异过大往往会与临时的社会性事件有很大的关系，如疫情期间游戏收入的变动、实体门店收入的下降等是无法预测的。因此，这里需要更多地去分析是什么原因造成了达成率差异如此大。

将以上分析结果结合公司的业务进行整理，得到如下分析结果和建议：

> 【分析结果】
> 1. 年度整体：年度目标总额：339,526，实际完成总额：403,579，整体完成率：118.9%（超额完成）；去年同期总额：396,313，同比增长率：1.8%（增长平缓）。
> 2. 月度分析：
> 2.1 完成率维度：
> （1）超额完成月份有 2 月（284.3%）、10 月（189.8%）、11 月（195.3%）、7 月（103.0%）、8 月（134.3%）。
> （2）未达标月份有 3 月（90.8%）、6 月（32.9%）、9 月（76.8%）。
> 2.2 月度分析结果：
> （1）2 月份过年期间、10 月份十一期间、11 月份双十一期间三次大的促销活动较为成功，促销策略和资源分配合理。
> （2）6 月完成率仅 32.9%，主要为本年度销售渠道调整，造成 618 期间的促销受到影响。
> 3. 建议：
> （1）动态调整目标：对月度目标进行动态调整，如遇到特殊情况造成任务缺口，需要及时调整任务和营销节奏，确保全年任务的达成。
> （2）强化淡季营销：针对 3 月、6 月、9 月制订专项计划（如会员日、清仓促销）。
> （3）复制成功经验：将 2 月、11 月的高效策略（如精准营销、渠道拓展）推广至其他月份，如 6 月份开展暑期活动、9 月份开展开学季活动等。
> （4）加强数据监控：实时跟踪销售进展，快速响应异常波动。

11. 年度经营分析报告

根据以上图表和分析结果，最终形成的年度经营分析报告如图 6.72 所示。

零基础玩转 DeepSeek：秒懂数据分析

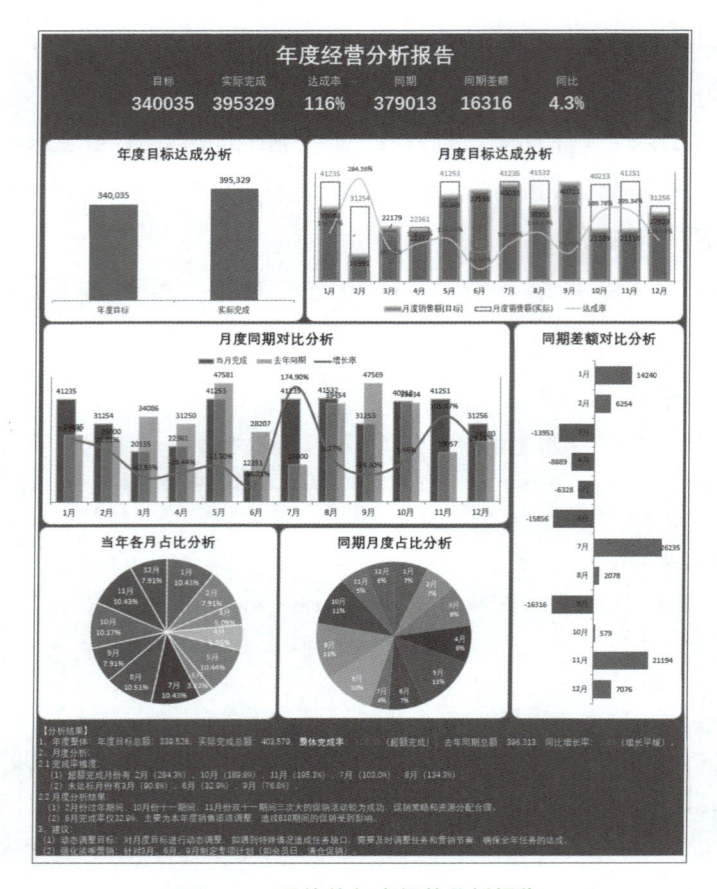

图 6.72　最终的年度经营分析报告

6.1.3　问题识别

在经营分析中可以看出，DeepSeek 给出的意见和建议不能直接采纳。一方面我们需要结合公司的实际业务情况补充业务细节，对经营中的问题给与解释；另一方面需要将不合理的地方删除，如目标"分配不合理"的结论。

6.2　竞品内容对比分析

将收集到的三家培训机构的教学大纲上传到 DeepSeek 官网，并输入提示词"请对比以上三家公司在职教育的大纲，从学习周期、学习内容、学习路径、侧重点 4 个方向进行对比"，如图 6.73 所示。

第 6 章 DeepSeek 企业综合案例应用

图 6.73　上传分析资料并输入提示词

DeepSeek 输出对比分析结果，如图 6.74 所示。

三家职业培训机构课程对比（DN、QF、XZM）

1. 学习周期

- **DN**：未明确总时长，但课程包含10大技术栈、20+实战项目，推测为**3-6个月**。
- **QF**：分阶段教学（10个阶段），内容覆盖从编程到深度学习，总周期较长，约**6-8个月**。
- **XZM**：明确为**66天（约2个月）**，每天5小时以上，属于紧凑型课程。

2. 学习内容

机构	核心内容	特色技术/工具
DN	数据获取（SQL/Hive/爬虫）、数据处理（Excel/Python）、建模（统计学/机器学习）、商业分析	对标华为人才模型，覆盖全行业解决方案，强调企业级实战项目（如零售、电商、金融场景）。
QF	Python编程、网络爬虫、数据库（MySQL/Hive）、BI工具（Power BI/Tableau）、大数据（Hadoop/Spark）、机器学习/深度学习	技术全面，包含ETL工具（Kettle）、大数据平台建设、Kaggle比赛项目，注重多学科联合开发。
XZM	传统数据分析（Excel/Power BI/SQL）＋AI整合（X-GPT），覆盖数据预处理、报告生成、自动化编程等	生成式AI技术贯穿全课程（如X-GPT辅助SQL编写、BI报告生成），强调AI在数据分析中的落地应用。

3. 学习路径

- **DN**：
  基础技术 → 数据处理 → 建模分析 → 行业实战，路径清晰，以业务场景驱动技术学习。
- **QF**：
  编程基础 → 数据采集 → 数据库 → BI工具 → Python分析 → 大数据 → 机器学习 → 深度学习 → 项目实战，分阶段递进，技术覆盖面广。
- **XZM**：
  数据分析基础 → 商业分析 → 业务分析 → Python分析 → 大数据 → 数据挖掘 → AI/机器学习，每阶段融入X-GPT技术，注重AI工具与传统技能的协同。

图 6.74　输出结果

> **4. 侧重点**
> - **DN**
>   **就业导向 + 企业合作**，对标华为数据分析人才标准，强调技术扎实性、实战能力，覆盖金融、电商、零售等全行业解决方案。
> - **QF**
>   **技术全面性 + 就业保障**，课程设计对标大厂需求（如百度、蚂蚁金服），注重底层技术（Hadoop/Spark）和项目实战，提供20+企业级项目。
> - **XZM**
>   **AI赋能 + 高效学习**，将生成式AI（X-GPT）融入数据分析全流程，缩短学习周期，聚焦AI时代下的职场竞争力提升（如自动化报告、代码生成）。
>
> **总结**
> - **DN**适合希望**深入企业级场景**，追求技术深度的学员；
> - **QF**适合追求**技术全面性**、希望系统掌握从编程到大数据全栈技能的学员；
> - **XZM**适合**快速转型**、希望利用AI工具提升效率的职场人或转行者。

图 6.74 输出结果（续）

将以上内容再次进行整理，输入提示词"请将以上内容按照表格或者其他方式输出，例如学习时间全部按照小时统计，学习内容覆盖列为表格"，如图 6.75 所示。

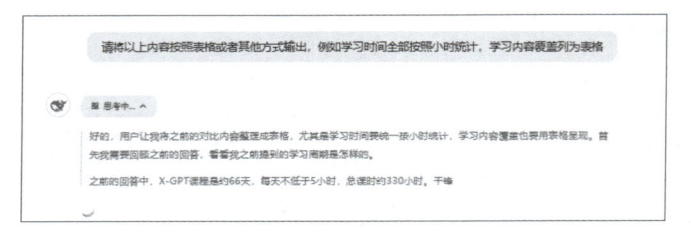

图 6.75 再次输入提示词

DeepSeek 的输出结果如下。

（1）学习周期对比见表 6.2。

表 6.2 学习周期对比

机构	XZM	QF	DN
学习时间/小时	330	660~880	330~660
核心技术/工具	Excel、Power BI、SQL、X-GPT（生成式 AI）、Python、Hive、数据挖掘、机器学习	Python、网络爬虫、MySQL/Hive、Power BI/Tableau、Hadoop/Spark、机器学习、深度学习、ETL（Kettle）	SQL、Hive、爬虫、Excel、Python、统计学、机器学习、Power BI、Tableau、商业分析

（续表）

机构	XZM	QF	DN
特色内容	生成式AI（X-GPT）贯穿全流程，AI辅助SQL编写、报告生成、代码开发，聚焦AI时代职场竞争力与高效学习	技术全面，含大数据平台建设、Kaggle比赛项目、多学科联合开发（Python+HTML5+UI），注重底层技术与企业级实战	对标华为人才模型，覆盖全行业实战项目（零售、电商、金融），强调企业级场景应用与业务驱动分析

注：此处学习周期为估算，需要进一步核实。

（2）学习内容对比见表6.3。

表6.3　学习内容对比

类别	XZM	QF	DN
核心技术	传统数据分析工具+AI整合（X-GPT）	Python全栈、大数据平台、机器学习/深度学习	数据获取、清洗、建模、商业分析
核心工具	Excel、Power BI、X-GPT、Hive	Hadoop、Spark、Kettle、Power BI/Tableau、TensorFlow	SQL、Hive、Excel、Python、Power BI
特色项目	X-GPT辅助BI报告、AI自动化编程、电商全流程分析、SQL生成与优化	全科医院数据驾驶舱、连锁咖啡店用户分群、金融信用评分卡、大数据平台建设	零售行业利润诊断、金融风控模型、电商用户行为分析
学习目标	AI赋能型分析师（高效工具应用）	全栈数据分析师（技术全面性）	企业级数据分析师（业务驱动）

（3）项目实战与就业定位对比见表6.4。

表6.4　项目实战与就业定位对比

课程名称	XZM	QF	DN
实战项目	抖音达人新媒体分析、金融风控评分卡建模、BI+X-GPT联合分析报告生成	全科医院就诊数据分析、连锁咖啡店用户画像、零售毛利润异常诊断	零售行业销售目标制定、电商用户行为分析、金融行业信用风险评估

(续表)

课程名称	XZM	QF	DN
就业方向	Python 大数据分析师、AI 数据分析师、ETL 工程师	商业数据分析师、数据挖掘工程师、数据仓库工程师	商业分析专家、BI 分析师、算法工程师

（4）对比总结见表 6.5。

表 6.5　对比总结

维度	XZM	QF	DN
学习效率	最短（330 小时），适合快速掌握 AI+ 数据分析	适中（375 小时），系统性技术培养	最长（450~900 小时），行业深度实践
技术亮点	生成式 AI 集成、自动化工具链	全技术栈覆盖、底层原理教学	华为生态对接、全行业解决方案
就业侧重	AI 辅助分析、金融与大数据领域	企业级数据工程师、多工具实操	商业分析师、行业通用型人才

6.3　制作餐饮行业分析报告

想要生成一份行业分析报告，如果直接跟 DeepSeek 要结果显然是不行的，这里采取分步制作行业分析报告的方法：第一步利用 DeepSeek 生成一份行业分析报告的大纲；第二步搜集相关的报告或者数据；第三步制作分析报告。

6.3.1　生成分析报告的大纲

（1）按照"角色定位＋目的"的逻辑输入提示词"你是一位资深的餐饮行业研究人员，当前需要产出一份火锅行业分析报告，内容包括当前国内经济形式研究、餐饮市场趋势研究、火锅行业市场研究、竞品分析 4 部分内容，请先帮我生成一份详细的分析报告大纲"，如图 6.76 所示。

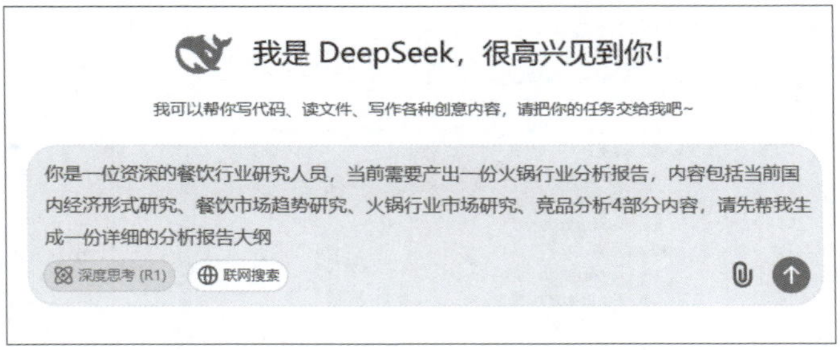

第 6 章　DeepSeek 企业综合案例应用

```
🐋 我是 DeepSeek, 很高兴见到你！
我可以帮你写代码、读文件、写作各种创意内容，请把你的任务交给我吧~

你是一位资深的餐饮行业研究人员，当前需要产出一份火锅行业分析报告，内容包括当前国
内经济形式研究、餐饮市场趋势研究、火锅行业市场研究、竞品分析4部分内容，请先帮我生
成一份详细的分析报告大纲

[深度思考 (R1)] [联网搜索]                                         📎 ↑
```

图 6.76　输入提示词

（2）DeepSeek 输出的分析报告的大纲如图 6.77 所示。

```
火锅行业分析报告大纲

一、国内经济形势研究
  1. 宏观经济环境概览
     ○ GDP增速与消费支出占比分析（近3年趋势）
     ○ 居民可支配收入水平及消费信心指数
     ○ 政策支持方向（如餐饮行业减税、促消费政策）
     ○ 经济结构调整对餐饮业的影响（服务业占比提升）
  2. 消费市场关键指标
     ○ 社会消费品零售总额中的餐饮占比
     ○ 城镇/农村消费结构差异
     ○ 年轻一代（Z世代）消费力崛起趋势
  3. 疫情影响与经济复苏
     ○ 后疫情时代餐饮消费反弹特征
     ○ 线下堂食与线上外卖的结构性变化
```

```
二、餐饮市场趋势研究
  1. 行业整体发展现状
     ○ 市场规模及增速（2019-2023年数据）
     ○ 连锁化率提升趋势与头部品牌集中度
  2. 消费者行为演变
     ○ 健康饮食需求升级（低脂/植物基/药膳关注度）
     ○ 场景化消费偏好（家庭聚餐/社交打卡/单身经济）
     ○ 数字化体验需求（线上排队/AR点餐）
  3. 新兴趋势洞察
     ○ 预制菜对餐饮供应链的变革
     ○ 夜间经济与"火锅+酒馆"业态融合
     ○ 下沉市场（三四线城市）增长潜力
```

图 6.77　输出结果

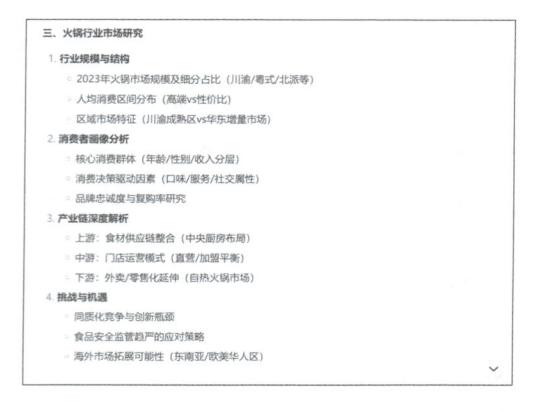

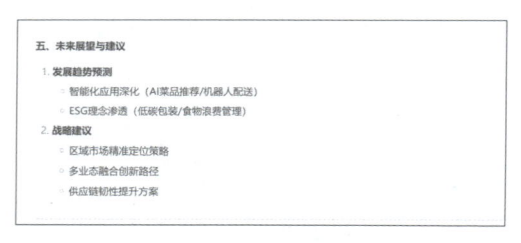

图 6.77 输出结果（续）

（3）可以针对提纲中不需要的部分或者想要增加的部分进行删改，并重新生成大纲。本案例中我们不作修改，仅在制作 PPT 时调整部分内容，如"GDP 增速与消费支出占比分析（近 3 年趋势）"，可以考虑将时间线拉长，如 7 年、10 年等。

6.3.2　针对每个章节进行细化并形成报告

在对每个章节进行细化的过程中，需要先对章节中的内容进行拆解。例如，"GDP 增速与消费支出占比分析"可以拆解为 GDP、消费支出、消费占比三部分。其中，GDP 和消费支出又可以拆分为总金额和人均两个维度，并计算增长率；在消费占比中与本次研究关系密切的为"食品烟酒"的支出占比，因此消费支出占比重点关注"食品烟酒"的支出占比。

本小节以第一部分"国内经济形势研究"的"宏观经济环境概览"中针对"GDP 增速与消费支出占比分析（近 3 年趋势）"为例进行报告内容的撰写，具体步骤如下。

（1）根据大纲的顺序，针对第一个需要细化的内容"GDP 增速与消费支出占比分析（近 10 年趋势）"，输入提示词"请搜集 2017—2024 年 GDP 的数据，以表格的形式呈现"，同时开展联网搜索，如图 6.78 所示。

图 6.78　输入提示词

（2）输出结果如图 6.79 所示。

年份	GDP（亿元人民币）	增长率（%）	GDP（亿美元）	人均GDP（美元）
2017	827,122	6.9	122,653.3	8,836
2018	919,281	6.8	138,418.1	9,881
2019	990,865	6.0	143,406.0	10,276
2020	1,015,986	2.2	148,625.6	10,484
2021	1,143,670	8.4	177,593.1	12,556
2022	1,210,207	3.0	178,863.3	12,692
2023	1,267,000	5.0	177,009.0	12,541
2024	1,349,084	5.0	185,600.1	12,800（预测）

图 6.79　输出结果

（3）将以上数据绘制成图形，此处利用在线图表制作。输入提示词"请按照年份、GDP（亿元人民币）、增长率绘制复合柱状 - 折线图，并添加数据标签，以 HTML 的格式输出"，取消"联网搜索"模式，如图 6.80 所示。

> 请按照年份、GDP（亿元人民币）、增长率绘制复合柱状-折线图，并添加数据标签，以HTML的格式输出

以下是带有数据标签的GDP与增长率复合图表（柱状图+折线图）的HTML代码，包含完整的交互功能和可视化优化：

```html
<!DOCTYPE html>
<html>
<head>
    <meta charset="utf-8">
    <title>中国GDP增长趋势(2017-2024) - 带数据标签</title>
    <script src="https://cdn.jsdelivr.net/npm/echarts@5.4.3/dist/echarts.min.js"></script>
    <style>
        #chart-container {
            width: 900px;
            height: 550px;
            margin: 30px auto;
            box-shadow: 0 0 15px rgba(0,0,0,0.1);
            border-radius: 8px;
```

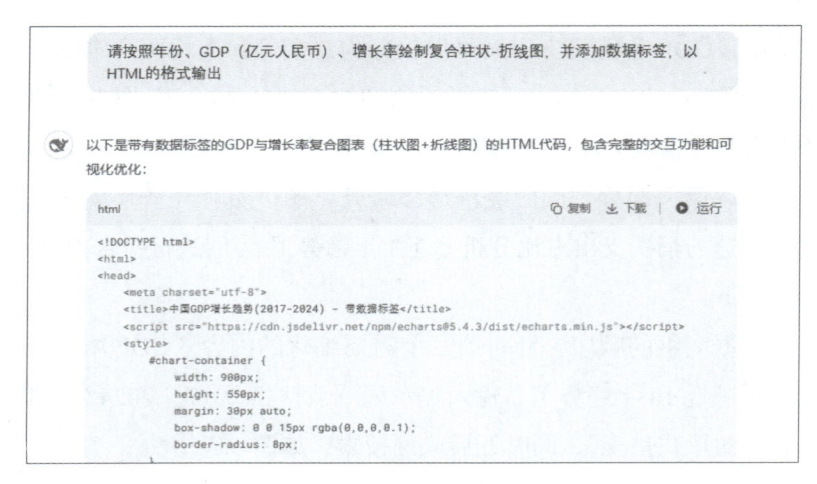

图 6.80　输出结果

（4）单击输出结果右上方的"运行"按钮，生成图表，如图 6.81 所示。

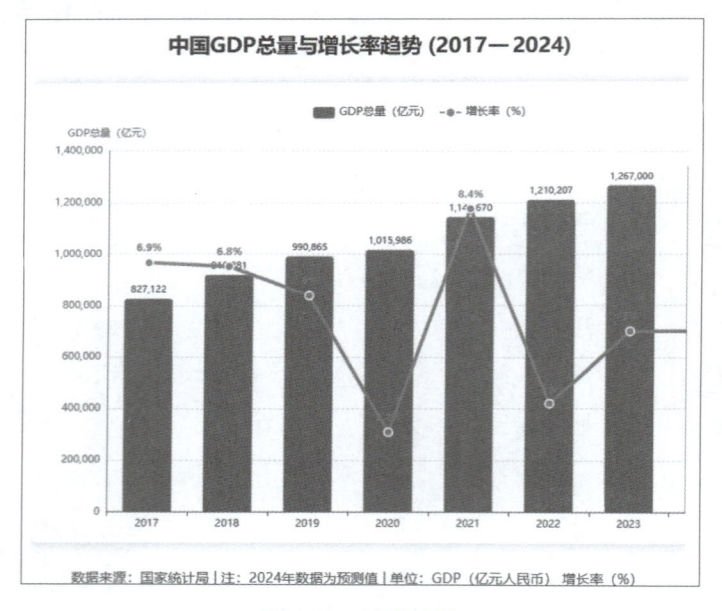

图 6.81　输出结果

（5）生成人均 GDP 的柱状图。输入提示词"请按照年份、人均 GDP 绘制柱状图，将单位转换为人民币，并添加数据标签，图形保持第一张图表的风格，以 HTML 的格式输出"，如图 6.82 和图 6.83 所示。

第 6 章 DeepSeek 企业综合案例应用

> 请按照年份、人均GDP绘制柱状图，将单位转换为人民币，并添加数据标签，图形保持第一张图表的风格，以HTML的格式输出

以下是根据您的要求，结合第一个GDP复合图的风格，制作的中国人均GDP柱状图HTML代码：

```html
<!DOCTYPE html>
<html>
<head>
    <meta charset="utf-8">
    <title>中国人均GDP趋势(2017-2024)</title>
    <script src="https://cdn.jsdelivr.net/npm/echarts@5.4.3/dist/echarts.min.js"></script>
    <style>
        #chart-container {
            width: 900px;
            height: 500px;
            margin: 30px auto;
        }
        .title {
            text-align: center;
            font-family: "Microsoft YaHei";
            color: #333;
        }
    </style>
</head>
<body>
    <h2 class="title">中国人均GDP变化趋势 (2017-2024)</h2>
    <div id="chart-container"></div>
```

图 6.82　输入提示词

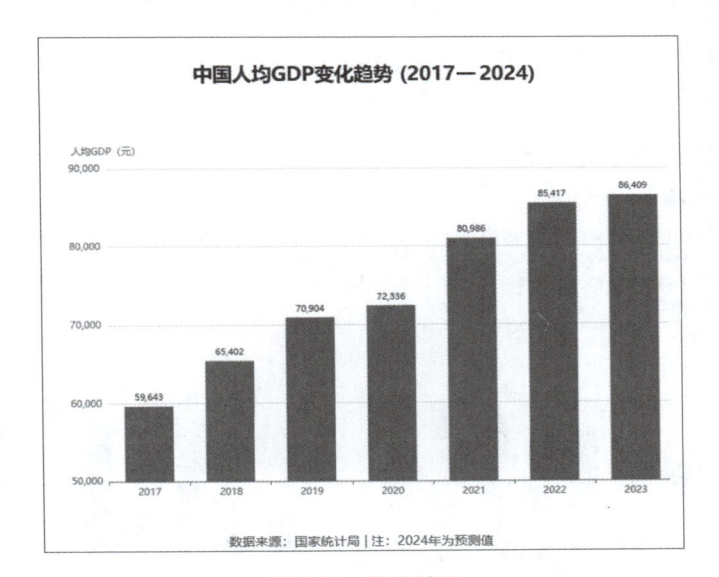

图 6.83　输出结果

（6）让 DeepSeek 给出对 GDP 数据的解读。输入提示词"请继续根据我国 GDP 数据和人均 GDP 数据给出经济形式的解读，并整理出 3 条关键结果"，输出结果如图 6.84 所示。

221

零基础玩转 DeepSeek：秒懂数据分析

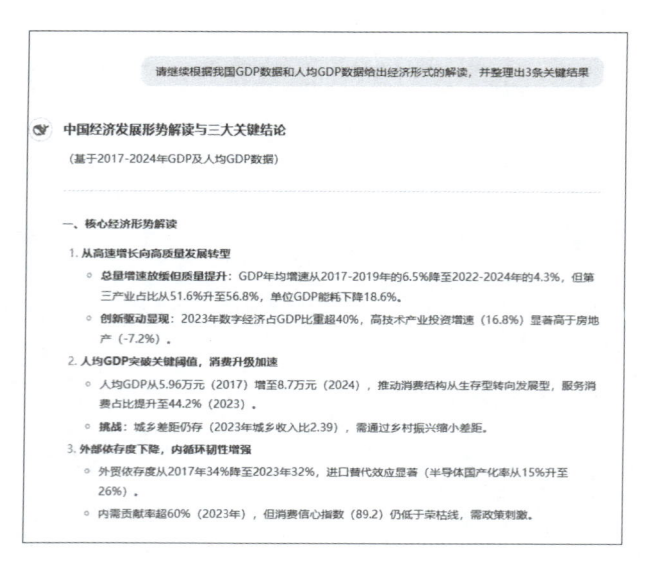

图 6.84　输出结果

（7）根据输出的结果，整理出对本次研究有用的内容，与前面制作的图片一起做成 PPT，如图 6.85 所示。

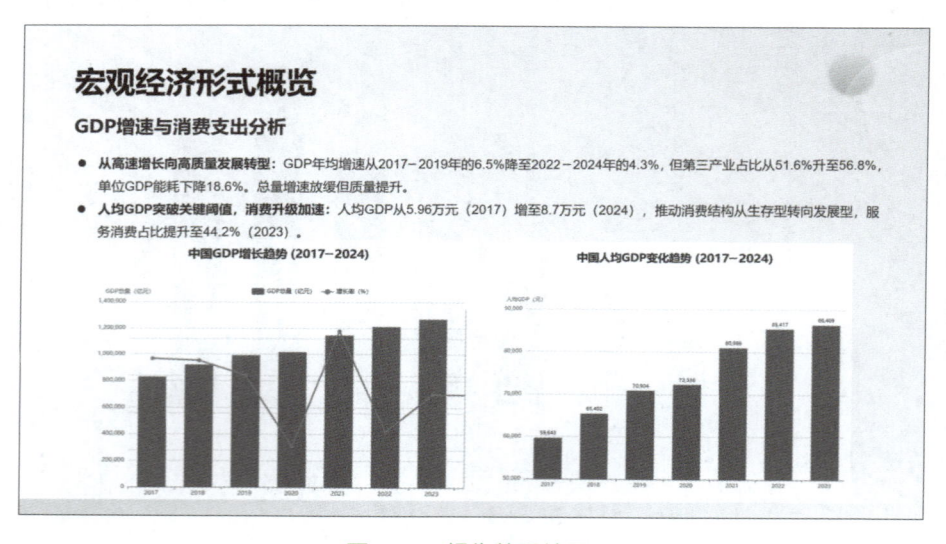

图 6.85　报告整理结果

（8）重复前面的步骤继续制作消费支出总金额、人均消费支出金额及占比的图表，如图 6.86~图 6.94 所示。

第 6 章　DeepSeek 企业综合案例应用

图 6.86　搜集消费支出数据

图 6.87　制作图表

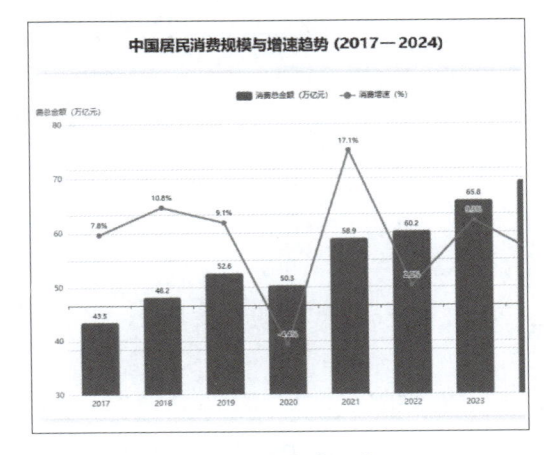

图 6.88　生成图表

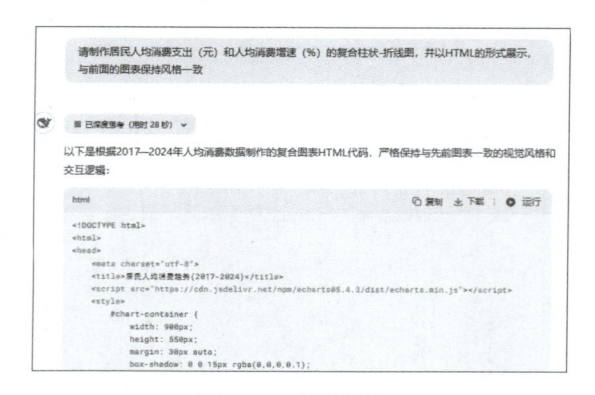

图 6.89 制作图表

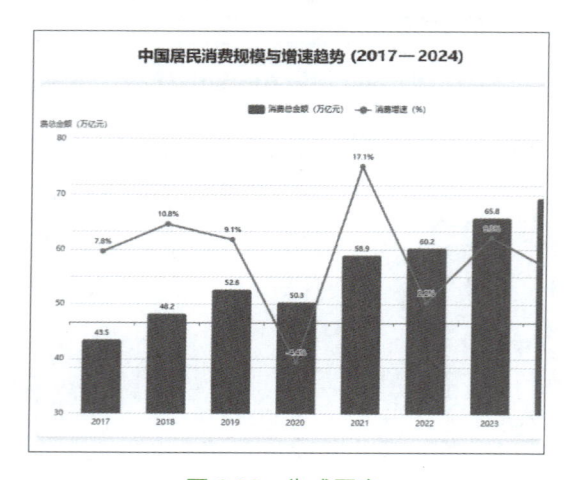

图 6.90 生成图表

图 6.91 搜集消费支出占比数据

第 6 章 DeepSeek 企业综合案例应用

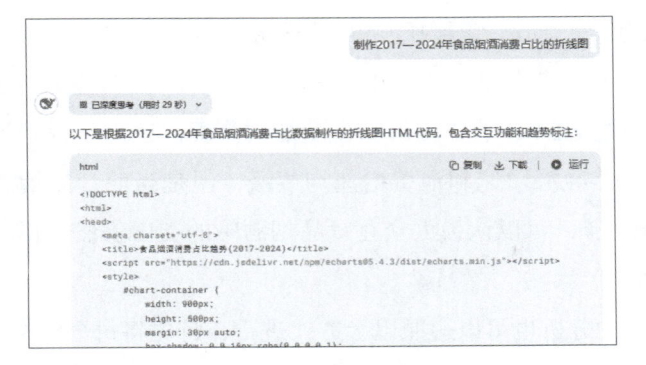

图 6.92 制作图表

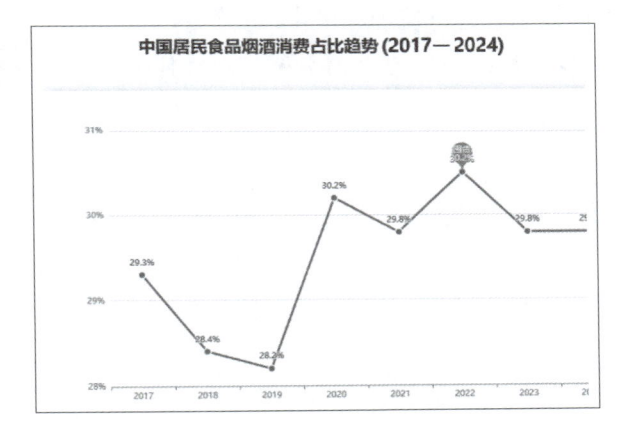

图 6.93 生成图表

图 6.94 解读结果

225

以上即为第一部分"国内经济形势研究"的"宏观经济环境概览"中针对"GDP 增速与消费支出占比分析（近 3 年趋势）"的行业分析报告的制作方法。此部分通过 GDP、消费支出和食品烟酒消费占比逐步说明当前国内经济形势较好，虽然经济增速和消费增速均放缓，但是当前食品烟酒的支出占比仍然高于 2019 年，可以认为大众在食品烟酒中的支出仍然坚挺，餐饮行业的发展仍然可期。

其他部分的分析也可以遵照以上方式进行，首先将每个分析部分拆分；然后利用 DeepSeek 搜集数据；接着利用 DeepSeek 制作相应的图表，并输出数据解读；最后对解读结果进行梳理和优化，制作 PPT。

本节以生成餐饮行业分析报告为案例，通过其中的一个分析章节讲解行业分析报告的制作步骤，以供读者参考。

后记　数智时代，AI 重构你的学习生态

1. AI+Python/SQL/VBA 构建 T 型知识结构

在数智时代，AI 与 Python、SQL、VBA 的结合正在重塑数据分析和办公自动化的学习范式。通过 AI 的自然语言交互能力，学习者可以更高效地掌握这些工具的核心功能，构建深度与广度兼具的 T 型知识结构。例如，利用 AI 生成 Python 代码，可以快速实现数据清洗、可视化和建模任务。AI 还可以帮助学习者优化 SQL 查询逻辑，提升数据提取和分析效率。对于 VBA，AI 通过自动生成宏代码，简化了复杂数据的处理流程，使学习者能够专注于更高层次的逻辑设计和问题解决。

假如有一个订单数据，订单表的结构见表 1。目前接到一个需求，需要用 SQL 代码统计每个用户的总消费金额。

表 1　订单表的结构

order_id	user_id	product_id	quantity	price	order_date
1	101	201	2	50	2023-10-01
2	102	202	1	100	2023-10-01
3	101	203	3	30	2023-10-02

传统数据分析师可能会编写如下 SQL 代码：

```
SELECT
    user_id,
    SUM(quantity * price) AS total_spent,
    AVG(quantity * price) AS avg_order_value
FROM
    orders
```

```
GROUP BY
    user_id;
```

如果利用 DeepSeek 来写 SQL 代码，你只需要将文件的表头上传到 DeepSeek 官网，并输入提示词"请基于上传的表结构，帮我写一段 SQL，计算每个用户的总消费金额和平均订单金额"，即可快速输出 SQL 代码，如图 1 所示。

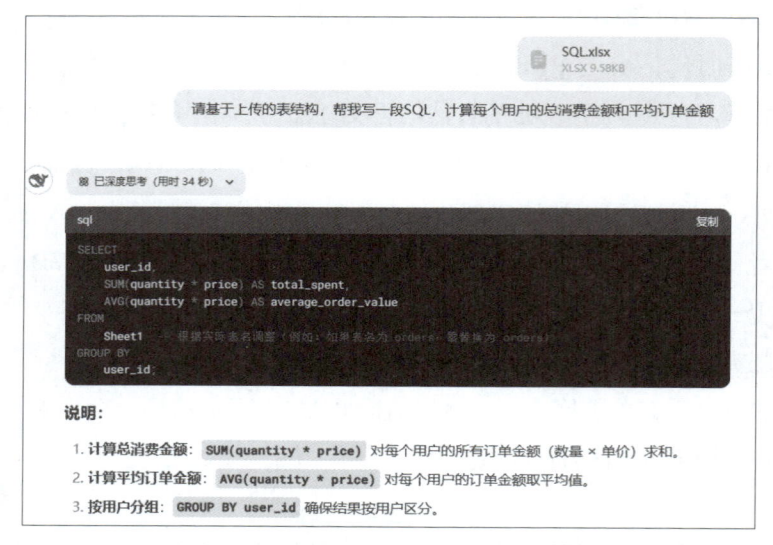

图 1　SQL 代码输出结果

2. AI+Word/Excel/PPT 实现高效智能办公

AI 技术正在彻底改变传统办公方式，让 Word、Excel 和 PPT 的使用变得更加智能和高效。通过 AI 插件，用户可以快速生成高质量的文档、表格和演示文稿。例如，在 Excel 中，AI 可以自动生成公式、透视表和图表（文中已有应用案例），帮助用户快速完成数据分析和可视化。在 PPT 中，AI 可以根据主题自动生成排版精美的幻灯片，并提供一键美化功能。在 Word 中，AI 可以自动完成文档排版、内容生成和校对任务，大幅提升工作效率。

3. AI+ 大数据实现商业决策升级

AI 与大数据的结合正在推动商业决策的智能化升级。通过 AI 技术，企业可以快速从海量数据中提取关键洞察，为决策提供科学依据。例如，利用 AI 生成的预测模型（文中已有应用案例），企业可以分析市场趋势、优化资源配置，并制定更具竞争力的商业策略。AI 还可以通过自然语言处理技术，将复杂的数据分析结果转化为易于理解的报告，帮助管理层快速作出决策。这种智能化的决策支持系统不仅提升了效率，还显著降低了决策风险。